Marie Jean Mendezabal

Nauczanie i uczenie się rachunku

Marie Jean Mendezabal

Nauczanie i uczenie się rachunku

Wykorzystanie matematyki Microsoftu w nauczaniu i uczeniu się matematyki

Wydawnictwo Bezkresy Wiedzy

Imprint

Cover image: www.ingimage.com

Publisher:
Wydawnictwo Bezkresy Wiedzy
is a trademark of
International Book Market Service Ltd., member of OmniScriptum Publishing Group
17 Meldrum Street, Beau Bassin 71504, Mauritius
Printed at: see last page
ISBN: 978-620-2-44777-5

Nauczanie i uczenie się rachunku

Spis treści

WYKORZYSTANIE MATEMATYKI MIKROSOFT W NAUCZANIU I UCZENIU SIĘ RACHUNKU RÓŻNICOWEGO

Marie Jean N. Mendezabal
Uniwersytet w Saint Louis (Filipiny)
marie_jean_mendezabal@yahoo.com.ph

Wprowadzenie

Krajobraz nauki XXI wieku uległ drastycznej zmianie w związku z pojawieniem się technologii. Procesy nauczania i uczenia się stały się bardziej interaktywne, wciągające i zabawne dzięki nauczaniu opartemu na technologii. Dzięki integracji technologii w klasie, nauczyciele nadal tworzą materiały do nauki, które są innowacyjne, zorientowane na zadania, jak również nastawione na ucznia.

W dziedzinie edukacji matematycznej technologia została już zintegrowana, jednak jej wdrażanie wydaje się powolne. Co więcej, badania, które koncentrowały się na integracji technologii w nauczaniu i uczeniu się matematyki, dają rozbieżne wyniki. Podczas gdy niektóre badania przyznają, że wykorzystanie technologii w nauczaniu i uczeniu się matematyki nie doprowadziło do żadnej zauważalnej poprawy, inne wykazały, że wykorzystanie technologii skutecznie zwiększa zrozumienie i radość uczniów z matematyki. Jest on identyfikowany jako narzędzie i ważny element wspierający wizualizację i media interaktywne, które pomagają w reprezentacji, rozumowaniu, konstruowaniu obliczeń, badaniu i rozwiązywaniu problemów (Curri, 2012). Krajowa Rada Nauczycieli Matematyki (NCTM) potwierdziła ważną rolę i silny wpływ technologii na nauczanie i uczenie się matematyki. Podkreślono to w "Zasadach technologicznych NCTM", które stwierdzają, że technologia jest niezbędna w nauczaniu i uczeniu się matematyki; ma ona wpływ na nauczaną matematykę i usprawnia uczenie się studentów" (NCTM, 2000).

Calculus jest dziedziną matematyki, która ma szerokie zastosowanie w prawie wszystkich dyscyplinach, takich jak inżynieria, nauka, biznes, informatyka i system informatyczny. Jest to dziedzina matematyki postrzegana jako główne źródło niepowodzeń na poziomie licencjackim ze względu na swój charakter, który wiąże się z abstrakcyjnymi i złożonymi pomysłami oraz sposobem nauczania studentów. Dzięki temu, inicjatywy na całym świecie wprowadziły szereg innowacyjnych i interaktywnych technologii nauczania, takich jak oprogramowanie graficzne i system algebry komputerowej, w celu zbadania koncepcji Calculus. Wykorzystanie tych technologii oferuje nowe sposoby uczenia się i nauczania rachunku, które pomagają pogłębić rozumienie przez uczniów abstrakcyjnych i złożonych idei. Co więcej, pomaga uczniom lepiej wizualizować koncepcje poprzez graficzną reprezentację. Poprzednie badania wykazały, że technologia interaktywna, a zwłaszcza narzędzia wizualizacji, takie jak kalkulatory graficzne i inne programy matematyczne, są skutecznym środkiem angażowania uczniów w naukę i tworzenia sensownej nauki (Beynon i in., 2010). Jest to zbieżne z ustaleniami Zachariadesa i in. (2007), który stwierdził, że kalkulator graficzny jest użytecznym narzędziem w nauczaniu rachunku kalkulacyjnego, ponieważ integruje funkcje graficzne, numeryczne i symboliczne. Ponadto, Tiwari (2007) wskazał na lepsze powiązanie reprezentacji algebraicznej z reprezentacją graficzną przy użyciu kalkulatora. Stwierdzono również, że uczniowie korzystający z kalkulatora graficznego mają większe szanse na osiągnięcie zrozumienia pojęciowego i zwiększenie swoich zdolności do rozwiązywania problemów w nauce rachunku.

Na Filipinach, kraju rozwijającym się w Azji Południowo-Wschodniej, wyniki studentów w zakresie rachunków z roku na rok nigdy nie były zachęcające. Studenci często komentowali, że rachunek jest bardzo trudny. Co więcej, jest on również postrzegany jako nudny i ściśle proceduralny temat. W wielu klasach Calculus tradycyjne podejście, które kładzie nacisk na procedury obliczeniowe, a nie na zrozumienie podstawowych pojęć, jest nadal najczęściej stosowaną metodą przez nauczycieli. W rezultacie wielu uczniów nie wykazuje się doskonałymi wynikami w przedmiotach, a tym bardziej nie wie, jak zastosować te pojęcia w rzeczywistej sytuacji.

Według Axtella (2006), nauczanie rachunku przy użyciu tradycyjnego podejścia nie pomaga uczniom zrozumieć jego podstawowych pojęć. W związku z tym należy usprawnić nauczanie i uczenie się rachunku, koncentrując się na pojęciowym rozumieniu przedmiotu, jak również na rozwijaniu umiejętności rozwiązywania problemów. Ma to na celu przygotowanie uczniów do wyzwań stawianych przez społeczeństwo XXI wieku, zwłaszcza teraz, gdy matematyka jest wymaganym przedmiotem w części STEM (Nauki ścisłe, technologia, inżynieria i matematyka) programu nauczania SHS (Senior High School). Wyzwaniem dla każdego nauczyciela matematyki jest zastosowanie podejścia, które daje uczniom możliwość badania i analizowania różnych pojęć matematycznych z wykorzystaniem różnych reprezentacji. Dzięki temu badaczka została zmotywowana do zbadania, w jaki sposób wykorzystanie technologii w nauczaniu i uczeniu się Calculus może poprawić uczenie się i stosunek uczniów do przedmiotu.

Przegląd literatury powiązanej

Edukacja technologiczna i matematyczna

Szybki rozwój technologii przyniósł niezwykłe zmiany w naszym nowoczesnym społeczeństwie, zwłaszcza w edukacji matematycznej. Drijvers, Boon i Van Reeuwijk (2010) wyróżnili trzy główne funkcje dydaktyczne technologii w edukacji matematycznej: (1) funkcja narzędzia do pracy z matematyką, która odnosi się do zlecania na zewnątrz pracy, która może być również wykonywana ręcznie, (2) funkcja środowiska uczenia się dla praktykowania umiejętności oraz (3) funkcja środowiska uczenia się dla wspierania rozwoju zrozumienia koncepcyjnego. Według nich, z tych trzech zidentyfikowanych funkcji technologii w edukacji matematycznej, trzecia jest najtrudniejsza do wykorzystania.

W ten sam sposób Barry Kissane (b.d.) opisał i naświetlił trzy role technologii w edukacji matematycznej i wyciągnął z nich pewne wnioski dla humanistycznego spojrzenia na edukację matematyczną. Rola *obliczeniowa polega na tym, że* ludzie wykorzystują technologię do wykonywania żmudnych lub trudnych zadań matematycznych. *Wpływowa* rola sugeruje, że dostępność technologii musi być brana pod uwagę przy podejmowaniu decyzji o tym, co matematyka jest najważniejsza dla programu nauczania matematyki. Rola *empiryczna* podkreśla nowe możliwości nauczania i uczenia się matematyki, jakie daje technologia.

Powszechne jest przekonanie, że technologia wpływa na jakość kształcenia matematycznego w zakresie sensownej nauki i efektywnego nauczania. Wykorzystanie technologii daje nauczycielom i uczniom więcej możliwości nauczania i uczenia się matematyki na nowe sposoby. Innymi słowy, technologia może zrewolucjonizować proces nauczania i uczenia się.

Krajowa Rada Nauczycieli Matematyki (National Council of Teachers of Mathematics - NCTM) twierdzi, że technologia jest niezbędnym narzędziem w edukacji matematycznej w XXI wieku (NCTM, 2008). Zostało to również zapisane w niedawno wydanych standardowych dokumentach Education Development Center, Inc. (EDC), w którym podkreślono, że wykorzystanie technologii w edukacji jest niezbędne dla zdobycia przez uczniów kompetencji niezbędnych do dobrego funkcjonowania w społeczeństwie i sile roboczej XXI wieku (EDC, 2011). Kompetencje te obejmują lepsze zrozumienie złożonych koncepcji, powiązań między ideami, procesami i strategiami uczenia się, a także rozwijanie umiejętności rozwiązywania problemów, wizualizacji, zarządzania danymi, komunikacji i współpracy, które są jednymi z umiejętności, których pracodawcy nie posiadają nawet u wielu absolwentów uczelni (Partnerstwo dla umiejętności XXI wieku, 2009). Dlatego też, aby wspierać rozwój umiejętności w XXI wieku i przygotować uczących się do funkcjonowania lub bycia produktywnymi w miejscach pracy współczesnego społeczeństwa, NCTM opowiada się za wykorzystaniem technologii w każdym aspekcie kształcenia matematycznego i sugeruje, że studenci powinni mieć możliwość angażowania się w działania wspierane przez technologię, które zwiększają ich doświadczenia edukacyjne (NCTM, 2008).

Technologia jako narzędzie do nauczania i uczenia się matematyki

Technologia odgrywa zasadniczą rolę w nauczaniu i uczeniu się matematyki. Jak stwierdziła Krajowa Rada Nauczycieli Matematyki (NCTM), technologia wpływa na nauczanie matematyki i uczenie się studentów (NCTM, 2000). Wykorzystanie technologii w nauczaniu może zmienić zarówno nauczanie, jak i naukę matematyki.

Według Ekawati (2008) integracja technologii w nauczaniu i uczeniu się matematyki pozwala na zwiększenie motywacji uczniów do nauki matematyki, pozwala na indywidualne uczenie się w oparciu o indywidualny styl i tempo uczenia się, a także doskonale sprawdza się w zwiększaniu umiejętności poznawczych i afektywnych w porównaniu z przeszłością. Technologia zapewnia również uczniom dostęp do nowych, potężnych sposobów zgłębiania pojęć w sposób, który nie był możliwy w tradycyjnym nauczaniu i uczeniu się matematyki. Co więcej, technologia może pomóc w lepszym zrozumieniu abstrakcyjnych pojęć matematycznych poprzez ich wizualizację lub graficzne przedstawienie. Takie głębsze rozumienie pojęć zwiększy z kolei zdolność uczniów do zdobywania lepszej wiedzy praktycznej z zakresu matematyki (Robova, n.d.).

Wyniki wielu badań wykazały, że strategiczne wykorzystanie narzędzi technologicznych w edukacji matematycznej może wspierać uczenie się procedur i umiejętności matematycznych, a także rozwój zaawansowanych umiejętności, takich jak rozwiązywanie problemów i rozumowanie (Hegedus i Roshelle, 2013; Pierce i in., 2011; Rutten, van Joolingen i van der Veen, 2012). Zwolennicy zwrócili uwagę, że narzędzia technologiczne mogą poprawić osiągnięcia uczniów w dziedzinie matematyki poprzez dostosowanie lekcji i praktyki w zakresie umiejętności do indywidualnych potrzeb uczniów. Ponadto, nauczanie poprzez technologię może motywować uczniów do zainteresowania się matematyką.

Tymczasem zaprezentowana przez Kinga (2012) synteza badawcza jedenastu badań nad wpływem technologii edukacyjnych na nauczanie i uczenie się matematyki wykazała, że (pozytywny) wpływ technologii edukacyjnych (ET) można podzielić na pięć wymiarów. Obejmują one (1) wpływ ET na zmiany w naturze matematyki, o czym świadczy pojawienie się nowych dziedzin matematyki, nowe praktyki matematyczne oraz zmiany w treści nauczanej matematyki. Ponadto wykorzystanie ET odegrało również zasadniczą rolę w (2) ułatwieniu zmiany roli instruktora matematyki, (3) umożliwieniu uzyskiwania informacji zwrotnych w czasie rzeczywistym i reakcji oraz (4) zwiększeniu skuteczności w rozwiązywaniu problemów matematycznych, a także (5) wpływie na wpływ lub identyfikację emocjonalną ucznia z narzędziem edukacyjnym lub środowiskiem.

Dowody sugerują, że stosowanie technologii edukacyjnych prowadzi do zmian w relacjach między uczniami a ich instruktorem(ami), tak że instruktor staje się bardziej czołowym graczem zespołowym niż jedynym dysponentem wiedzy (Lavicza, 2010). Dzięki zastosowaniu tych technologii, uczniowie otrzymują również informacje zwrotne, które mogą wykorzystać do ciągłego doskonalenia swojego zrozumienia i budowania nowej wiedzy. Według Olive i Makara (2009), informacje zwrotne z interakcji uczniów z tymi narzędziami mają duży wpływ na ich rozumienie i praktykę matematyczną. Technologia umożliwia uczniom poprawę szybkości, dokładności i zdolności do rozwiązywania problemów matematycznych. Jak stwierdzili Laborde i Strasser (2010) Matematyka staje się bardziej eksperymentalna i pozwala uczniom na zmianę warunków problemu, sprawdzenie strategii i otrzymanie informacji zwrotnej za pomocą technologii. Wykazano, że technologie nauczania, takie jak oprogramowanie do ćwiczeń i ćwiczeń, systemy korepetycyjne i nauczanie programowania komputerowego, takie jak Lego, mają korzystny wpływ na umiejętności rozwiązywania problemów uczniów (NMAP, 2008). Podobnie Heid (2003) podała również, że wykorzystanie technologii grafowania pomogło uczniom w lepszej pracy nad "interpretacją i powiązaniem wykresów z ich symbolicznymi reprezentacjami", a także zwiększyło ich "zdolność do myślenia o wykresach funkcyjnych bez oprogramowania". Ponadto Olive i in. (2009) przedstawili dowody na wykorzystanie kalkulatorów graficznych do stymulowania zainteresowania studentów oraz wykorzystanie technologii do motywowania studentów.

Najczęściej stosowaną technologią w nauczaniu i uczeniu się matematyki są programy matematyczne (np. Geogebra, MathLab, MathCad, Mathematica, Klon, Kalkulator graficzny, itp.) Według Pustariego (2014), dostępność tych programów matematycznych może zmienić nauczanie i uczenie się matematyki w inny i kreatywny sposób, pozwalając zarówno uczniom, jak i nauczycielom na wykorzystanie technologii umożliwiającej naukę. W uczeniu się i pracy z matematyką te programy matematyczne mogą pomagać uczniom w rozwiązywaniu problemów, wspomagać zgłębianie pojęć matematycznych, dostarczać dynamicznie powiązanych ze sobą reprezentacji idei i mogą zachęcać do ogólnych metapoznawczych, takich jak planowanie i sprawdzanie (Barkatsas, 2007).

Wpływ technologii na uczenie się i postawę studentów w matematyce

Wcześniejsze badania nad technologiami cyfrowymi skierowały ich soczewki na procesy i efekty uczenia się matematycznego uczniów. Kilka badań wykazało, że technologia może motywować uczniów do nauki matematyki i poprawiać ich wyniki. Według Al-Absi i Abeda (2014) integracja technologiczna w matematyce może pozytywnie wpłynąć na nastawienie uczniów do uczenia się, zwiększyć ich osiągnięcia i zrozumienie koncepcyjne oraz zaangażowanie w matematykę.

W badaniu dotyczącym Al-Ammary (2012), w którym zbadano wpływ stosowania i przyjmowania technologii edukacyjnych na osiągnięcia studentów i skuteczność nauczania kadry akademickiej, wykazano, że uczenie się i osiągnięcia studentów uległy pogorszeniu, gdy procesy nauczania i uczenia się zostały wzmocnione przez ET. ET zmotywowała uczniów do większego zaangażowania się w działania edukacyjne, dzięki którym stają się bardziej aktywni i zainteresowani nauką. Ponadto nauczyciele akademiccy uważają, że zastosowanie takich technologii może usprawnić ich komunikację ze studentami, zmniejszyć presję dydaktyczną spowodowaną przygotowaniem materiałów dydaktycznych oraz udostępnić materiał wykładowy w czasie dyskusji. W badaniu Cajiliga (2009) wykazano również, że nauczyciele mają bardzo korzystne nastawienie do integracji technologii w nauczaniu matematyki.

Badania nad działaniami Soutera, w których porównano efekty nauczania w ramach Algebry wzmocnionej technologią z tradycyjnym nauczaniem w ramach Algebry, wykazały, że integracja technologii z matematyką może zwiększyć osiągnięcia i motywację uczniów, wzmocnić pozytywne nastawienie uczniów i poprawić ich wyniki (cyt. Raines, J. & Clark, L., 2011). Podobnie badania Abajar, Galleto i Refugio, które badały efekty wykorzystania gadżetów technologicznych w nauczaniu w Algebrze Kolegium, ujawniły znaczącą różnicę między wynikami uczniów, którzy byli nauczani tradycyjną metodą nauczania, a tymi, którzy byli nauczani przy użyciu gadżetów technologicznych. Co więcej, na wydajność studentów z grupy eksperymentalnej w Algebrze Kolegium duży wpływ miały technologiczne gadżety używane przez nauczycieli i studentów w klasie College Algebra, co w końcu oznacza, że studenci z grupy eksperymentalnej wypadli lepiej niż ich odpowiedniki.

Co więcej, badania ilościowe Nguyena i Kulma (2005) na temat nauczania przez Internet z wykorzystaniem dwóch grup uczniów (doświadczalnych i kontrolnych) wykazały, że uczniowie, którzy stosowali internetowe podejście do nauczania, mieli znacznie wyższe wyniki z matematyki na testach niż ci, którzy stosowali podejście z użyciem papieru i ołówka. Ich wyniki wskazały, że praktyka i nauczanie przez Internet mogą usprawnić uczenie się, pomóc w samomotywacji w uczeniu się matematyki i w rozwiązywaniu problemów oraz umożliwić uczniom samodzielną praktykę. Ocena praktyki internetowej przez uczniów wykazała, że są oni skłonni poświęcić czas na poprawę swoich wyników i lepsze zrozumienie wiedzy matematycznej niezbędnej do rozwiązywania problemów.

Inne badanie przeprowadzone przez Franklina i Peng'a (2008) dotyczyło możliwości wykorzystania iPoda Touch do dostarczania treści wideo wspierających naukę matematyki. Badanie to wykazało, że wykorzystanie iPoda Touch do tworzenia filmów matematycznych było wykonalne, a uczestnicy i obserwatorzy byli pod wrażeniem zdolności uczniów do przedstawiania trudnych koncepcji w formacie wizualnym, a następnie omawiania ich z przyjaciółmi. Chociaż badania te nie testowały osiągnięć uczniów, nauczyciele wierzyli, że dzięki temu doświadczeniu uczniowie zdobyli wiedzę na temat związanych z tym pojęć matematycznych. Tymczasem badania Martinovic, McDougal, i Karadag (2012), które badały wykorzystanie komputerów piórkowych i oprogramowania do współpracy w celu zapewnienia interaktywnego środowiska do nauczania i uczenia się Matematyka wskazały, że to środowisko skupione na uczniu w postaci tabletu komputerowego poprawia frekwencję, wydajność, interakcję w grupie, umiejętności notowania i radość, co uczniowie sugerują wyniki w ich zwiększonym zaangażowaniu i lepszej nauki. Ponadto, Nejem & Muhanna (2014) przeprowadzili quasi-sperymentalne badanie w celu zbadania wpływu wykorzystania inteligentnej tablicy na osiągnięcia w matematyce i utrzymanie uczniów siódmej klasy. Wyniki badania wykazały pozytywny wpływ stosowania inteligentnej tablicy na osiągnięcia i utrzymanie uczniów w nauce matematyki. Ponadto naukowcy poinformowali, że wykorzystanie inteligentnej tablicy w nauczaniu matematyki pomaga uczniom w większym stopniu uczestniczyć w dyskusjach klasowych, pozwala im lepiej wykonywać zadania, pomaga lepiej wyrażać swoje myśli i pozwala im być bardziej kreatywnymi.

W innym badaniu przeprowadzonym przez Specklera (2007, 2008) ujawniono, że internetowe oprogramowanie kursowe poprawia wskaźniki sukcesu uczniów, w tym wyższy poziom sukcesu w kolejnych kursach matematyki. Co więcej, korzystanie z internetowego oprogramowania do ćwiczeń i prowadzenia zajęć motywuje uczniów do odrabiania większej ilości pracy domowej, angażuje ich w aktywną naukę i poprawia wskaźniki utrzymania uczniów. Podobne wyniki uzyskano w badaniach Hodge'a, Richardsona i Yorka (2009), w których badano wpływ wykorzystania internetowego narzędzia do odrabiania zadań domowych na motywację i postrzeganie nauki w ramach kursu Algebra College. W ich badaniach ilościowych zebrano dane ankietowe od 1394 studentów. Uczniowie stwierdzili, że praca domowa z wykorzystaniem Internetu zwiększyła ich rozumienie matematyki bardziej niż konwencjonalna praca na papierze i ołówku. Ich wyniki pokazały również, że uczniowie byli zmotywowani do odrabiania większej ilości pracy domowej, być może dzięki natychmiastowej informacji zwrotnej, którą otrzymują.

Inne badania dotyczyły wykorzystania strategii modelu Bar i Sketch Pad Geometra (GSP) w rozwiązywaniu problemów związanych ze słowem. Wyniki badań pokazały, że strategia modelu słupkowego może być stosowana nie tylko jako technika rozwiązywania problemów, ale także w celu rozwinięcia u uczniów głębszego zrozumienia koncepcji czterech operacji w matematyce. Uczniowie potrafią wytłumaczyć, wiedzieli co mają robić i wiedzieli dlaczego muszą to robić. Ponadto, uczniowie ujawnili, że dzięki systemowi GSP i strategii modelu słupkowego są w stanie wizualizować i tworzyć reprezentacje graficzne, które umożliwiają im rozwijanie umiejętności matematycznego myślenia, pojęć i rozumienia. Uczniowie wyjaśnili, że nauka matematyki tą metodą była zabawna (Khairiree, 2014).

Inne badania koncentrowały się na wykorzystaniu urządzeń ręcznych, takich jak kalkulatory graficzne do nauczania i uczenia się matematyki. Istnieje coraz więcej badań, które pokazują, że afordancje pedagogiczne kalkulatora graficznego mają ścisły związek z lepszą nauką matematyki. Rzeczywiście, matematyka może być nauczana w bardziej spójny sposób, dając uczniom możliwość łączenia pojęć matematycznych w ramach tematów i pomiędzy nimi.

Literatura cytowana przez Raines & Clark (2011) wskazuje, że kalkulator graficzny umożliwia uczniom zgłębianie trudniejszych problemów i pojęć matematycznych. Korzystanie z kalkulatora graficznego skraca czas spędzony na żmudnych obliczeniach na papierze i ołówku oraz pozwala uczniom i nauczycielom poświęcić ten czas na rozwijanie głębszego rozumienia pojęć i umiejętności rozwiązywania problemów. Kiedy uczniowie używają kalkulatorów graficznych, są bardziej skłonni angażować się w rozwiązywanie problemów, stosować więcej strategii rozwiązywania problemów i zwiększać swoje osiągnięcia.

Quizon i Redona (2005) przeprowadzili badania nad skutecznością wykorzystania Kalkulatorów Graficznych w osiągnięciach Uczniów Seniorów z Pasay City West High School. Wynik pokazał, że uczniowie, którzy korzystali z kalkulatorów graficznych, osiągnęli więcej niż uczniowie, którzy byli instruowani metodą tradycyjną. Co więcej, zainteresowanie studentów, którzy korzystali z kalkulatorów graficznych, wzbudziło więcej zainteresowania niż studentów, którzy jedynie stosowali metodę tradycyjną.

Ponadto, w badaniu Lucasa i Cayao (2012), w którym badano wpływ stosowania Casio FX991ES Plus na osiągnięcia i poziom lęku wybranych studentów uczelni w czarterowanym, lokalnym uniwersytecie w Manili na Filipinach, ujawniono, że grupa eksperymentalna wypadła znacznie lepiej pod względem średniej oceny w teście osiągnięć i że na ich wyniki duży wpływ ma stosowanie kalkulatora. Jeśli chodzi o poziom lęku, obie grupy wykazały znaczną różnicę w badaniach przed i po. Chociaż oba są znaczące, warto zauważyć, że w grupie eksperymentalnej występuje wyraźna poprawa poziomu lęku, co przejawia się w większym wzroście wyniku. Onur (2008) zbadał również wpływ kalkulatora grafowego na wyniki matematyczne uczniów 8 klasy na wykresy równań liniowych i pojęcie nachylenia. W badaniach wykorzystano metodę doświadczalną z wykorzystaniem projektu grupy kontrolno-doświadczalnej przed-testowej. Przeprowadzono również wywiad na temat wpływu kalkulatora graficznego na postawę uczniów. Wyniki badania wykazały, że zastosowanie kalkulatora graficznego miało pozytywny wpływ na osiągnięcia uczniów i w pewnym stopniu na ich postawę.

Chociaż badania te podkreślają bogate efekty uczenia się, jakie daje wykorzystanie technologii w nauczaniu i uczeniu się matematyki, niektóre badania przyznają, że wykorzystanie technologii w nauczaniu i uczeniu się matematyki nie doprowadziło do żadnej zauważalnej poprawy. Na przykład, badanie, które porównało osiągnięcia studentów w nauczaniu komputerowym z tradycyjnym nauczaniem w ramach zajęć z Algebry Rozwojowej na uniwersytecie, które wykazało, że studenci w tradycyjnych klasach opartych na wykładach mieli znacznie większe osiągnięcia niż klasa komputerowa.

Podobnie jak w przypadku cytowanych badań, w niniejszym opracowaniu proponuje się wykorzystanie innowacyjnych i interaktywnych strategii, takich jak integracja technologii w nauczaniu i uczeniu się matematyki, w celu poprawy efektów uczenia się i postawy uczniów. Większość z wymienionych badań koncentrowała się na wykorzystaniu technologii w nauczaniu Algebry, podczas gdy obecne badania są realizowane w klasie Calculus.

Rachunek Nauczanie i uczenie się z technologią

Rachunek jest jednym z najważniejszych i podstawowych przedmiotów dla studentów szkół wyższych, zwłaszcza dla studentów kierunków inżynieryjno-naukowych. Jednak wielu uczniów ma trudności w nauce rachunku, co jest widoczne w ich słabych wynikach w przedmiotach. Wielu uczniów postrzegało matematykę jako abstrakcyjną, nudną i trudną do nauczenia się ze względu na jej charakter, który wiąże się z abstrakcyjnymi i złożonymi pomysłami oraz sposób, w jaki jest ona nauczana przez uczniów. Badania wykazały, że studenci zapisani do tradycyjnej uniwersyteckiej klasy Calculus mają bardzo powierzchowne i niekompletne zrozumienie wielu podstawowych pojęć z klasy Calculus, być może dlatego, że nigdy nie mają możliwości rozwinięcia koncepcyjnej wiedzy na tematy z tradycyjnej klasy Calculus. To niepowodzenie doprowadziło do podjęcia wysiłków na rzecz reformy rachunku kalkulacyjnego, w którym jednym z omawianych obszarów jest wykorzystanie wielu reprezentacji koncepcji i technologii rachunku kalkulacyjnego w kursie rachunku kalkulacyjnego. Ten nowy program nauczania przechodzi od nauczania skoncentrowanego na nauczycielu do nauczania skoncentrowanego na uczniu, które umożliwiło uczniom aktywne zaangażowanie się w nauczanie i uczenie się w jak największym stopniu.

Wiele tematów w Kalkuszu ma cechy, które wymagają komputerowego środowiska uczenia się w celu promowania zrozumienia przez uczniów. Używanie komputera jako narzędzia do wykonywania procedur Calculusa może uwolnić studentów od eksplorowania aplikacji. W studium Heida, cytowanym przez Sabellę i Redisha (n.d.), uczniowie stwierdzili, że lubią pracę z komputerem, ponieważ uwalnia ona ich od pracy manipulacyjnej i daje im wiarę w wyniki, które są oparte na ich rozumowaniu. Pozwoliło im to również na skupienie większej uwagi na globalnych aspektach rozwiązywania problemów. Ponadto, badanie wykazało, że studenci korzystający z komputerów rozumieją te pojęcia zarówno dobrze, jak i, w większości przypadków, lepiej niż studenci w klasie porównawczej.

Badanie przeprowadzone przez Ayuba, Sembok'a i Luan'a (2008), mające na celu sprawdzenie skuteczności nauczania i opanowania oprogramowania komputerowego TEMACCC (Teaching and Mastering Calculus Computer Courseware) w odniesieniu do osiągnięć studentów dyplomowych w zakresie przedmiotu Calculus wykazało, że istnieje statystycznie istotna różnica między osiągnięciami studentów w grupach kontrolnych i TEMACCC. Wyniki badań wskazują, że studenci z grupy TEMACCC osiągają lepsze wyniki w porównaniu z pozostałymi dwiema grupami, dlatego też zaproponowano, aby TEMACCC mógł być wykorzystywany jako narzędzie w nauczaniu i uczeniu się Calculus.

Ng (2011) zbadał rolę TI-Nspire™ w nauczaniu i uczeniu się Calculus. Stwierdzono, że odpowiednie wykorzystanie graficznej, numerycznej i algebraicznej reprezentacji pojęć matematycznych przy użyciu TI-Nspire™ umożliwiło uczniom lepszą wizualizację pojęć i dokonanie uogólnień na temat odpowiednich właściwości matematycznych. Ponadto uczniowie byli w stanie połączyć wiele reprezentacji, zwłaszcza reprezentacje algebraiczne i graficzne, aby poprawić swoje koncepcyjne zrozumienie i umiejętności rozwiązywania problemów. Na podstawie wyników eksperymentu zidentyfikowano sześć ról TI-Nspire™ w szkolnej praktyce matematycznej; TI-Nspire™ został użyty jako narzędzie eksploracyjne, narzędzie do tworzenia wykresów, narzędzie potwierdzające, narzędzie do rozwiązywania problemów, narzędzie do wizualizacji i narzędzie do obliczeń. Ogólnie rzecz biorąc, wyniki badania wskazują, że TI-Nspire™ jest skutecznym narzędziem do rozwijania pojęć matematycznych oraz promowania uczenia się i rozwiązywania problemów. Co więcej, ustalenie Papugi i Kwan Eu (2014) potwierdziło, że TI-Nspire oprócz stymulowania myślenia matematycznego wzmacnia zrozumienie pojęć rachunku przez uczniów. Uczniowie zauważyli, że TI-Nspire miał pozytywny wpływ na ich wiedzę i umiejętności matematyczne.

Liang i Martin (2008) używali programu Excel do nauczania matematyki dla studentów biznesu. Wybrali program Excel, ponieważ wydaje się on najłatwiejszy i najszerzej dostępny. Wyniki tego badania wykazały, że praktyczne podejście do rozwiązywania problemów w Excelu podczas zajęć poprawia zdolność studenta do koncentracji. Podobnie, studenci docenili korzystanie z Excela i czuli, że nauczyli się więcej w trakcie kursu.

Badania przeprowadzone przez Kadry'ego i Kalakecka (2013), które określiły efektywność wykorzystania Microsoft Office Excel w nauczaniu Calculus, pokazały również, że korzystanie z programu Excel jest lepsze niż z tradycyjnej metody. Podejście wizualne zwiększa procentową koncentrację uczniów. Korzystanie z programu Excel do nauki Calculus umożliwiło interesujące zrozumienie różnych tematów. W innym badaniu badano wykorzystanie oprogramowania komputerowego (ANUgraph) w rozwoju koncepcji rachunku. Wyniki wykazały, że podejście graficzne jest skuteczne w zwiększaniu zrozumienia przez uczniów podstawowych pojęć rachunku.

(http://www.merga.net.au/documents/RP, 17 marca 2015 r.).

Ponadto, Tapare (2013) zbadał trudności uczniów w zrozumieniu Kalkulatora i opracował Oprogramowanie Edukacyjne Kalkulatora (CES), które może poprawić koncepcyjne zrozumienie tematów zawartych w Kalkulatorze. Wyniki tego badania sugerują, że metoda nauczania stosowana przez badacza jest skuteczna w zwiększaniu umiejętności rozumowania matematycznego i koncepcyjnego rozumienia rachunku na poziomie licencjackim. Badanie wskazało również, że instrukcje wspomagane komputerowo mają większy potencjał, aby przyspieszyć zmianę konceptualną poprzez pomoc uczniom w przejściu od ich błędnych wyobrażeń do poprawnych koncepcji. Co więcej, dodatkowe wsparcie dla wspólnego uczenia się z wykorzystaniem CES zapewniło znaczną poprawę zrozumienia pojęciowego studentów.

Na podstawie przytoczonych literatur i opracowań, wykorzystanie technologii w nauczaniu i uczeniu się Kalkulator pomaga uczniom być połączonym w lekcji i przynosi wymierne korzyści w nauce.

Wykorzystanie Microsoft Mathematics w nauczaniu matematyki

Microsoft Mathematics to darmowe oprogramowanie stworzone przez Microsoft Corporation, które pomaga uczniom rozwiązywać i rozumieć pojęcia matematyczne z efektem wizualnym i łatwymi do zrozumienia krokami. Podstawowym narzędziem w Microsoft Mathematics jest w pełni funkcjonalny kalkulator naukowy z rozbudowanymi możliwościami tworzenia wykresów i rozwiązywania równań. Można go używać tak samo jak kalkulatora ręcznego, klikając na przyciski lub klawiaturę komputera, aby wpisać wyrażenia matematyczne, które mają być ocenione przez kalkulator. Potrafi obsługiwać przedmioty takie jak: Pre-algebra, Algebra, Trygonometria, Rachunek, Fizyka i Chemia.

Poniżej znajdują się cechy charakterystyczne dla matematyki Microsoftu:

1. Podkładka pod **kalkulator**, która zawiera podkładkę z numerami i następujące grupy przycisków: Statystyka, trygonometria, algebra liniowa, rachunek, standard i ulubione przyciski.

2. **Zakładka Arkusz pracy**, na której wykonywana jest większość obliczeń numerycznych. Ta zakładka zawiera zarówno panel wejściowy, jak i wyjściowy. Okno wprowadzania danych daje możliwość korzystania z kalkulatora graficznego, klawiatury lub wprowadzania atramentu. Po kliknięciu przycisków na podkładce kalkulatora, w oknie wprowadzania danych z klawiatury zostanie skonstruowane wyrażenie matematyczne.

3. **Zakładka Graphing służy** do tworzenia większości wykresów matematycznych. Ta zakładka zawiera okienko wejściowe do wprowadzania równań funkcyjnych, nierówności, zestawów danych lub równań parametrycznych, które chcesz wykreślić.

4. **Narzędzia matematyczne :** Na karcie Strona główna, w grupie Narzędzia, znajdują się przyciski umożliwiające korzystanie z dodatkowych narzędzi matematycznych:

   ☞ **Solwer równań** do rozwiązywania pojedynczego równania lub układu równań.

   ☞ **Wzory i równania,** aby znaleźć często używane równania z nauki i matematyki, i zbadać je graficznie lub poprzez rozwiązanie dla konkretnej zmiennej.

   ☞ **Triangle Solver** znaleźć miary pozostałych boków i kątów trójkąta, gdy niektóre boki i kąty są znane.

   ☞ **Narzędzie** do konwersji pomiarów w jednym systemie jednostek na inny

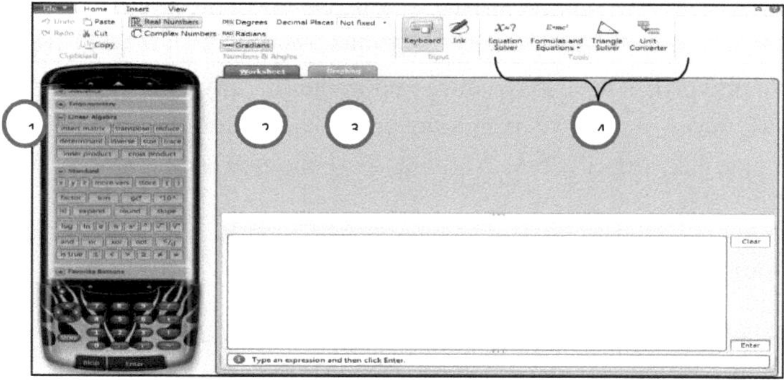

Według Microsoft Corporation (2010) istnieją trzy korzyści wynikające z wykorzystania Microsoft Mathematics w nauce matematyki, są to darmowe

programy z uporządkowanym menu, a niektóre z nich dostarczają rozwiązania i wizualizacje.

Ostatnie badania badały wykorzystanie Microsoft Mathematics w nauczaniu i uczeniu się matematyki. W badaniu firmy Bose (2011), w którym badano skuteczność wykorzystania Microsoft Mathematics w rozwiązywaniu równań, stwierdzono, że rozwiązywanie równań z wykorzystaniem Microsoft Mathematics i bez wykorzystania Microsoft Mathematics jest zarówno skuteczną strategią nauczania w poprawie wyników studentów w Algebrze Uniwersyteckiej, jednak wykorzystanie Microsoft Mathematics okazało się bardziej skuteczne. Podobnie, w badaniu Purwanti i Pustari (2013) wyniki wykazały, że osiągnięcia uczniów, którzy uczyli z wykorzystaniem matematyki Microsoftu, są wyższe niż te, które uczyły z wykorzystaniem tradycyjnych metod nauczania. Potwierdziły to wyniki badań eksperymentalnych przeprowadzonych przez Oktaviyanthi i Supriani (2014) na temat wpływu wykorzystania Microsoft Mathematics na rozumienie matematyki przez uczniów, ich postawy i opinie w odniesieniu do ich doświadczeń, które wykazały, że uczniowie uczący się z wykorzystaniem Microsoft Mathematics osiągają wyższe wyniki i mają pozytywny wpływ na pewność siebie uczniów w zakresie matematyki.

W tym samym duchu, badanie to będzie badać wykorzystanie Microsoft Mathematics w nauczaniu i uczeniu się matematyki. Opracowanie różni się od powyższych badań pod względem tematyki i obszaru tematycznego oraz liczebności próby. W cytowanych badaniach wykorzystano co najwyżej 30 osób podzielonych na dwie grupy (doświadczalną i kontrolną). Również w badaniu Oktaviyanthi i Supriani (2014) wykorzystano projekt badawczy metody mieszanej, która integrowała metody ilościowe i jakościowe.

Ramy teoretyczne/koncepcyjne

Ramy integracyjne

Badanie to opiera się na zintegrowanych ramach opracowanych przez Olive i Makara (2009), które koncentrowały się na wiedzy i praktykach matematycznych, które mogą wynikać z dostępu do technologii cyfrowych. Zaproponowali oni nowy model czworościanu, wywodzący się z dydaktycznego trójkąta Steinbringa (2005), który integruje aspekty *teorii oprzyrządowania, skupiający się na tym*, jak narzędzie zmienia się z artefaktu w instrument w rękach użytkownika, oraz na tym, jak w procesie tym zmienia się zarówno narzędzie, jak i użytkownik, a także na pojęciu *mediacji semiotycznej*, z którą funkcjonowanie poznawcze jest ściśle powiązane i na którą wpływa użycie narzędzi. Ten nowy model ilustruje, jak interakcje pomiędzy zmiennymi dydaktycznymi: uczniem, nauczycielem, zadaniem i technologią (które tworzą wierzchołki czworościanu) tworzą przestrzeń, w której może pojawić się nowa wiedza matematyczna i praktyki.

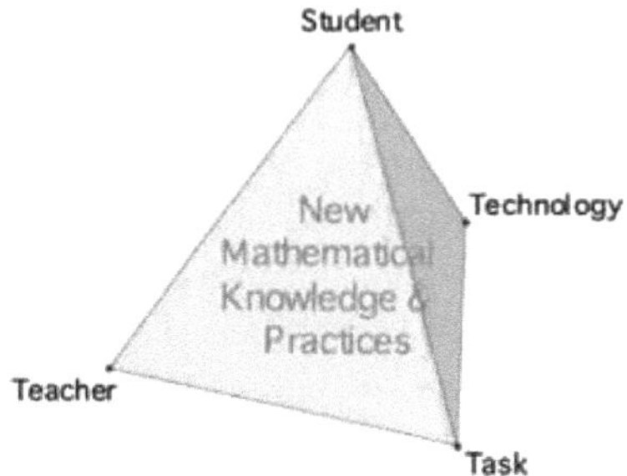

Rysunek 1: Czworościan dydaktyczny (z Oliwki i Makaru, 2009)

Według Olive'a i Makara, uczeń jest umieszczony na szczycie czworościanu, ponieważ w oparciu o konstruktywistyczny pogląd, to on musi skonstruować nową wiedzę i rozwijać nowe praktyki, wspierane przez nauczyciela, zadanie i technologię. Ponadto stwierdzili oni, że wiedza matematyczna i praktyki matematyczne są ze sobą nierozerwalnie związane i że związek ten może zostać wzmocniony poprzez wykorzystanie technologii. Interakcje między uczniami, nauczycielami, zadaniami i technologiami mogą prowadzić do zmiany upodmiotowienia z nauczyciela na ucznia jako generatora wiedzy i praktyki matematycznej oraz do tego, że informacje zwrotne przekazywane za pomocą różnych technologii mogą przyczynić się do uczenia się uczniów. Stwierdzają oni w szczególności, że skutecznie stosowana technologia może umożliwić uczniom "tworzenie znaczenia" i monitorowanie ich nauki. Technologia może kontrolować złożoność problemu poprzez dostosowanie dostępnych wejść i wyjść w interaktywnych doświadczeniach.

Teoria konstruktywizmu

Inną perspektywą teoretyczną, która wspiera niniejsze opracowanie, jest teoria konstruktywizmu Von Glasersfelda. Podejście konstruktywistyczne koncentruje się na holistycznym spojrzeniu na naukę matematyki i skupia się na głębokim zrozumieniu i strategiach, a nie na faktach i zapamiętywaniu faktów. Podstawową zasadą konstruktywizmu jest to, że uczenie się jest bardzo konstruktywnym zajęciem, które uczniowie muszą wykonać sami. Z tego punktu widzenia zadaniem wychowawcy nie jest rozdawanie wiedzy, ale dostarczanie uczniom możliwości i zachęt do jej budowania.

W odniesieniu do technologii edukacyjnych, konstruktywistyczne wykorzystanie technologii pozwala na zmianę charakteru materiału, który ma być nauczany i uczony, z rutynowych na odkrywcze. Wiedza jest budowana na podstawie osobistych doświadczeń, a nadanie tym doświadczeniom większej dynamiki pomoże w rozwoju struktur poznawczych (Tall, 2001). Środowisko komputerowe z atrakcyjnymi wizualnie wyświetlaczami, wraz z możliwościami interakcji, może zapewnić ustawienie bardziej dynamicznych, silniejszych wrażeń. Te środowiska są wypełnione bodźcami, które zachęcają uczniów do tworzenia bogatych konstrukcji (Nelson, 2000). Reprezentacje graficzne, w połączeniu z interakcjami społecznymi, są postrzegane jako prowadzące do rozwoju wiedzy jednostki, a także jako prowadzące do adaptacji koncepcji (von Glasersfeld, 1996).

Paradygmat badawczy

Badacz, oświecony wspomnianymi teoriami, wymyślił paradygmat wzorowany na modelu I - P - O, aby zilustrować relacje badanych zmiennych. Rysunek 1 opisuje proces badawczy badania.

Wejście. Wkład pracy obejmuje pretest/przetest przygotowany przez badacza w celu oceny rozumienia pojęciowego i umiejętności proceduralnych studentów w zakresie rachunku różnicowego, jak również technologiczne arkusze ćwiczeń, które zostały opracowane na podstawie treści kursu i kompetencji w zakresie uczenia się dla okresów przedszkolnych i śródokresowych w zakresie rachunku różnicowego. Skala Postawień Matematycznych i Technologicznych (MTAS) została również wykorzystana do monitorowania pięciu zmiennych afektywnych istotnych dla nauki matematyki z technologią. Podskale mierzą pewność siebie w matematyce, pewność siebie z technologią, stosunek do nauki matematyki z technologią oraz dwa aspekty zaangażowania w naukę matematyki.

Proces. Proces ten polega na przeprowadzeniu pretestu dla obu grup przed rozpoczęciem badania. Grupa eksperymentalna otrzymała również Skalę Postawień Matematycznych i Technologicznych (MTAS). Przedmioty przydzielone w grupie kontrolnej były nauczane metodą tradycyjną, natomiast te w grupie eksperymentalnej metodą opartą na technologii. Posttest rozumienia pojęciowego został przeprowadzony po podjęciu wszystkich wybranych tematów objętych badaniem, natomiast posttest umiejętności proceduralnych został przeprowadzony w formie trzech (3) quizów w trzech różnych okresach. Pod koniec badań ponownie przekazano grupie eksperymentalnej Skalę Postawień Matematycznych i Technologicznych (MTAS). Analiza wyników została przeprowadzona po zakończeniu eksperymentu.

Wyjście. Efektem badania są opracowane technologiczne arkusze działań.

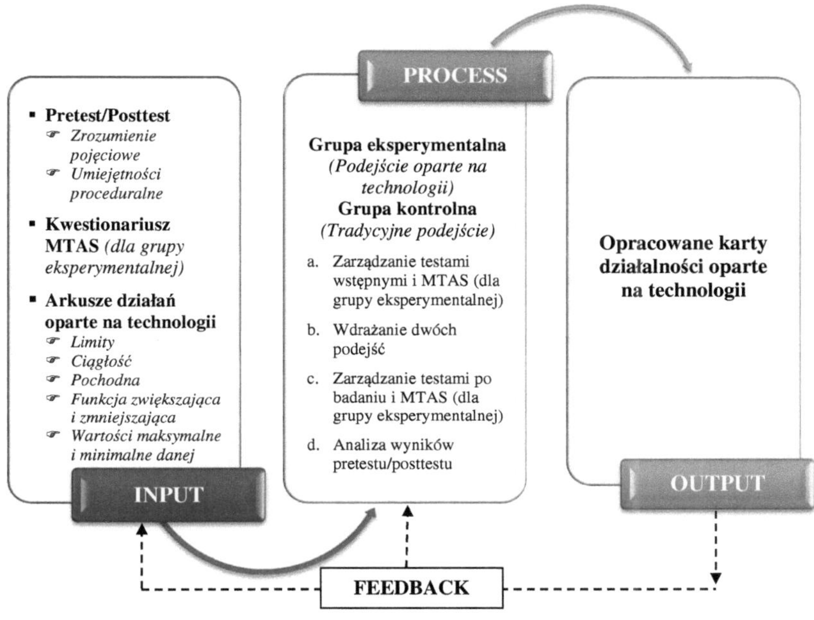

Rysunek 1 Paradygmat badawczy

Oświadczenie o problemie

Celem badania było zbadanie skuteczności wykorzystania Microsoft Mathematics w nauczaniu i uczeniu się rachunku różnicowego. Konkretnie, badanie koncentrowało się wokół następujących pytań:

1. Jakie są pretestowe i posttestowe występy grup kontrolnych i eksperymentalnych pod względem:

   1.1. Rozumienie pojęciowe?

   1.2. Umiejętności proceduralne?

2. Czy istnieje znacząca różnica pomiędzy

   2.1. wyniki badań wstępnych grup kontrolnych i doświadczalnych?

   2.2. występy kontrolne i eksperymentalne po testach?

2.3. pretestowe i posttestowe występy grup eksperymentalnych?

3. Jaka jest postawa grupy eksperymentalnej przed i po użyciu Microsoft Mathematics w zakresie:

    3.1. Matematyczna pewność siebie?

    3.2. Zaufanie do technologii?

    3.3. Postawa w nauce matematyki z technologią?

    3.4. Skuteczne zaangażowanie?

    3.5. Zaangażowanie behawioralne?

4. Czy istnieje znacząca różnica w nastawieniu grupy eksperymentalnej przed i po eksperymencie?

Hipotezy

Hipotezy zerowe, które zostały przetestowane w badaniu, są następujące:

1. Nie ma znaczącej różnicy pomiędzy występami uczestników w grupie kontrolnej i eksperymentalnej w fazie pretestowej.

2. Nie ma znaczącej różnicy pomiędzy posttestowymi występami uczestników w grupie kontrolnej i eksperymentalnej.

3. Nie ma znaczącej różnicy między występami uczestników grupy eksperymentalnej w fazie pretestowej i posttestowej.

4. Nie ma istotnej różnicy w podejściu grupy eksperymentalnej przed i po zastosowaniu matematyki Microsoftu.

Zakres i ograniczenia

W opracowaniu skupiono się na wybranych tematach rachunku różnicowego, a mianowicie: granicach, ciągłości, pochodnej, funkcji rosnącej i malejącej oraz maksymalnych i minimalnych wartościach funkcji. Badanie obejmowało dwie klasy rachunku różnicowego studentów elektrotechniki zapisanych na pierwszy semestr roku szkolnego 2015-2016. Przeprowadzono ją w okresie przed- i śródokresowym. Ponadto, wyniki studenta były mierzone na podstawie wyników pretestu i posttestu, natomiast postawę oceniano za pomocą Matematycznej i Technologicznej Skali Postaw (MTAS).

Znaczenie badania

Badanie to uzupełni literaturę na temat wykorzystania technologii edukacyjnych, takich jak oprogramowanie matematyczne w nauczaniu i uczeniu się matematyki. Zaoferuje on wgląd w to, czy zintegrowane podejście technologiczne jest skuteczne w poprawie wyników i postawy uczniów w nauce matematyki. Podobnie, uważa się, że wyniki tego badania są przydatne i znaczące dla różnych grup, w tym: administratorów i planistów programów nauczania, nauczycieli i badaczy, którzy są zainteresowani edukacją matematyczną, a także badaczy z różnych dziedzin (np. technologii edukacyjnych i przygotowania nauczycieli) i studentów.

Administratorzy szkół i planiści programów nauczania. Badanie to będzie dla nich wskazówką przy ustalaniu polityki w zakresie reformy edukacji oraz przy opracowywaniu programów szkolnych, w szczególności przy rozważaniu wdrażania różnych strategii uczenia się, takich jak wykorzystanie technologii edukacyjnych w nauczaniu. Dlatego też powinna ona być również częścią rozwoju zawodowego nauczycieli.

Nauczyciele. Badanie to może pomóc nauczycielom w promowaniu skutecznej i znaczącej nauki matematyki, a tym samym w przezwyciężeniu problemu nadmiernego polegania na tradycyjnym podejściu jako głównej strategii nauczania.

Studenci. Mogą one wykorzystać ten wynik do poprawy swoich wyników w nauce matematyki poprzez aktywne zaangażowanie w działania zintegrowane z technologią, które zwiększą ich rozumienie pojęć matematycznych i pobudzą ich zainteresowanie nauką matematyki, zwłaszcza rachunku.

Badacz. Badanie to pomaga badaczowi odkryć skuteczne środki, dzięki którym nauczanie matematyki może stać się interesujące i znaczące oraz odpowiadać na potrzeby uczniów.

Przyszli naukowcy. Mogą oni wykorzystać wyniki badań jako teoretyczne ramy odniesienia w późniejszych badaniach.

Definicje pojęć

Aby uczynić badania bardziej zrozumiałymi dla czytelników, badacz uznał za konieczne zdefiniowanie następujących terminów na podstawie ich użycia w badaniu.

Efektywne zaangażowanie. Jest to podskala MTAS, która ocenia odczucia uczniów dotyczące matematyki.

Nauka matematyki z technologią. Jest to podskala MTAS, która określa wpływ technologii na uczenie się matematyki przez uczniów.

Zaangażowanie behawioralne. Jest to podskala MTAS, która mierzy wysiłek i wytrwałość uczniów w pracy z matematyką.

Obliczenie wydajności. Odnosi się to do wyników przed- i po-testowych przedmiotów w teście rozumienia pojęciowego i testach umiejętności proceduralnych.

Zrozumienie pojęciowe. Odnosi się do zdolności do rozumienia i stosowania faktów, właściwości i relacji w matematyce.

Zaufanie do technologii. Jest to podskala MTAS, która obejmuje umiejętności uczniów w zakresie korzystania z technologii.

Grupa kontrolna. Odnosi się do klasy rachunku różnicowego nauczanej przy użyciu tradycyjnego podejścia do nauczania.

Rachunek różnicowy. Dotyczy to przedmiotu matematycznego podejmowanego przez studentów drugiego roku studiów inżynierskich na pierwszym semestrze, który obejmował tematy dotyczące funkcji, ograniczeń, ciągłości, pochodnych i ich zastosowań.

Grupa eksperymentalna. Jest to klasa rachunku różnicowego nauczana w oparciu o podejście technologiczne, które obejmuje matematykę Microsoft.

Pewność matematyczna. Jest to podskala MTAS, która mierzy zdolności matematyczne uczniów.

Matematyka Microsoftu. Darmowe oprogramowanie matematyczne opracowane przez Microsoft Corporation z w pełni funkcjonalnym kalkulatorem naukowym z rozbudowanymi możliwościami tworzenia wykresów i rozwiązywania równań.

Pretest. Odnosi się do testu przeprowadzanego przed rozpoczęciem nauki w celu określenia ich wyników w rachunku różnicowym oraz ich postawy wobec wykorzystania technologii w nauczaniu i uczeniu się rachunku.

Test. Odnosi się on do testu przeprowadzanego dla przedmiotów po zakończeniu nauki w celu określenia wpływu wykorzystania technologii na wyniki i nastawienie uczniów do uczenia się Rachunku Różnicowego.

Umiejętności proceduralne. Jest to zdolność do zastosowania umiejętności niezbędnych do wykonywania zadań i problemów matematycznych.

Arkusze działań oparte na technologii. Odnosi się to do materiałów opracowanych przez badacza i używanych przez grupę doświadczalną.

METODY

W tej części przedstawiono metody stosowane w tym badaniu, w tym projekt badawczy, uczestników badania, instrumenty, procedury gromadzenia danych oraz analizę danych.

Projektowanie badawcze

W badaniu wykorzystano quasi-eksperymentalny z pretestem-posttestem, eksperymentalno-kontrolny projekt grupy, w którym porównano dwa różne środowiska uczenia się. Wykorzystano również projekt badań opisowych, w którym wykorzystano kwestionariusz postawy w celu określenia wpływu wykorzystania Microsoft Mathematics na postawę uczniów. Projekt badawczy został przedstawiony poniżej.

Grupa	Wstępny test	Podejście	Post-test
E	O1	X1	O2
C	O3	X2	O4

Gdzie:

E = Grupa eksperymentalna
C = Grupa kontrolna
O1 = test wstępny grupy eksperymentalnej
O2 = posttest grupy eksperymentalnej
O3 = test wstępny grupy kontrolnej
O4 = posttesty grupy kontrolnej
X1 = Podejście oparte na technologii
X2 = Tradycyjne podejście

Uczestnicy badania

W badaniu wzięły udział dwie klasy studentów elektrotechniki, którzy w pierwszym semestrze roku szkolnego 2015-2016 zostali zapisani na rachunek różniczkowy. Obie grupy zostały wybrane, ponieważ były one zaplanowane w tym samym czasie, ale w różnych dniach. Jedna grupa została zaplanowana na 1:30-3:00 MW i 2:30-3:30 F, a druga na 1:30-3:00 TTH i 12:30-1:30 F. Jedna klasa została przydzielona losowo jako grupa eksperymentalna, a druga jako grupa kontrolna. Uczestników obu grup zidentyfikowano i dopasowano na podstawie ich średniej punktowej (GPA) z poprzednich przedmiotów matematycznych, które są warunkiem wstępnym do zastosowania rachunku różnicowego. Do badań włączono studentów ze średnią oceną 75-86. W wyborze uwzględniono również wyniki pretestu, które zostały podane przed przeprowadzeniem badania. Aby upewnić się, że uczestnicy w obu grupach mają ten sam poziom zdolności umysłowych, znaczącą różnicę w środkach stosowanych w teście wstępnym zbadano za pomocą testu t-testem niezależnych próbek.

Oprzyrządowanie

Instrumenty badawcze wykorzystywane w tym badaniu to m.in. kwestionariusz matematyczno-techniczny, testy wykonane przez nauczycieli oraz arkusze ćwiczeń opartych na technologii.

Matematyczna i technologiczna skala postawy (MTAS)

W niniejszym opracowaniu przyjęto Skalę Matematyczno-Technologiczną (MTAS) opracowaną przez Pierce, Stacey & Barkatsas (2007), jednak wprowadzono pewne modyfikacje dotyczące przypisanej wartości opisowej oraz technologii stosowanej w niniejszym opracowaniu. Skala została wykorzystana do monitorowania pięciu zmiennych afektywnych istotnych dla nauki matematyki z technologią. Podskale mierzą pewność siebie w matematyce, pewność siebie z technologią, stosunek do nauki matematyki z technologią oraz dwa aspekty zaangażowania w naukę matematyki.

Pretest i Posttest

Test wstępny/początkowy jest testem wykonanym przez nauczyciela, składającym się z 25 punktów wielokrotnego wyboru do oceny rozumienia pojęć przez uczniów i 15 punktów rozwiązywania problemów dla umiejętności proceduralnych. Test obejmował zagadnienia z zakresu rachunku różnicowego, a mianowicie: limity, ciągłość, instrumenty pochodne, funkcje zwiększające i zmniejszające oraz maksymalne i minimalne wartości danej funkcji. Test został zatwierdzony przez ekspertów z dziedziny matematyki i zweryfikowany w oparciu o ich sugestie.

Arkusze działań oparte na technologii

Oparte na technologii arkusze aktywności zostały opracowane do użytku przez grupę eksperymentalną. Te arkusze działań zostały zaprojektowane zgodnie z zasadą Reguły Trzy: podejście graficzne, liczbowe i analityczne. Każda czynność lub lekcja zawierała następujące części: (1) *Temat, który* stanowi lekcję, której należy się nauczyć, obejmującą limity, ciągłość, funkcje pochodne, funkcje zwiększające i zmniejszające oraz maksymalne i minimalne wartości danej funkcji; (2) *Efekty uczenia się*, które opisują, co uczący się powinien zamanifestować po wykonaniu zadania; (3) *Działanie, które* jest wykonywane w określonym celu; (4) *Dalsze badanie w* celu wzbogacenia rozumienia przez uczniów pojęć rachunku; (5) *Kluczowe pojęcie*, które jest definicją, wzorem itp.

Karty ćwiczeń zostały poddane krytyce przez nauczycieli Calculus i innych ekspertów w tej dziedzinie. Działania te zostały zrewidowane na podstawie uwag i sugestii przedstawionych przez oceniających.

Procedura gromadzenia danych

Przed przeprowadzeniem badania badacz zwrócił się o zgodę do rektora uczelni. Po zatwierdzeniu, badacz przeprowadził test wstępny dla obu grup w celu określenia swojej wiedzy na temat przedmiotu/tematu. Grupa doświadczalna otrzymała również MTAS w celu określenia ich stosunku do matematyki i technologii. Obie grupy otrzymywały taką samą ilość godzin kontaktu, która wynosi cztery (4) godziny tygodniowo przez okres sześciu (6) tygodni. Grupa kontrolna była nauczana z wykorzystaniem tradycyjnego podejścia do nauczania rachunku kalkulacyjnego, podczas gdy grupa eksperymentalna prowadziła te same zajęcia z wykorzystaniem technologicznych arkuszy ćwiczeń. Przed wdrożeniem podejścia opartego na technologii, grupa eksperymentalna była zorientowana na różne cechy matematyki Microsoft i sposób jej wykorzystania. Grupa eksperymentalna poznała się poprzez badania i wielokrotne reprezentacje różnych koncepcji. Nauczyciel służył tylko jako moderator w grupie.

Po przeprowadzeniu eksperymentu, obu grupom podano posttest. MTAS został również przekazany grupie eksperymentalnej.

Analiza danych

Zebrane dane zostały przeanalizowane przy użyciu statystyk opisowych, takich jak liczba częstotliwości, procent i średnia, w celu opisania pretestowych i posttestowych wyników uczestników w obu grupach. Test t dla Niezależnych Próbek został wykorzystany do porównania wyników pretestowych i posttestowych obu grup. Podobnie, test t dla Próbek Pary został wykorzystany do porównania wydajności i postawy grupy eksperymentalnej przed i po eksperymencie.

Występy pretestowe i posttestowe uczestników w obu grupach były interpretowane przy użyciu następującej skali:

Zrozumienie pojęciowe		Umiejętności proceduralne		
Wyniki:	**Górna granica graniczna**	**Wyniki:**	**Górna granica graniczna**	**Wartość opisowa**
21 - 25	20.51 – 25.50	61 - 75	60.51 – 75.50	Doskonały
16 - 20	15.51 – 20.50	46 - 60	45.51 – 60.50	Bardzo zadowalający
11 - 15	10.51 – 15.50	31 - 45	30.51 – 45.50	Zadowalający
6 - 10	5.51 - 10.50	16 - 30	15.51 - 30.50	Targi
0 - 5	0 - 5.50	0 - 15	0 - 15.50	Biedny

Do testu umiejętności proceduralnych wykorzystano następujący rubryk w celu uzyskania punktów:

Punkty kontrolne	Kryteria
5	Rozwiązanie to wykazuje głębokie zrozumienie pojęć matematycznych i/lub procedur zawartych w zadaniu, co prowadzi do uzyskania prawidłowej odpowiedzi.
4	Rozwiązanie to wykazuje znaczne zrozumienie pojęć matematycznych i/lub procedur zawartych w zadaniu, ale nie pozwala na uzyskanie prawidłowej odpowiedzi.
3	Rozwiązanie to wykazuje pewne zrozumienie pojęć matematycznych i/lub procedur zawartych w zadaniu, ale zawiera pewne proceduralne lub koncepcyjne wady.
2	Rozwiązanie to wykazuje bardzo ograniczone rozumienie pojęć matematycznych i/lub procedur zawartych w zadaniu, co doprowadziło do rozwiązania niepełnego.
1	Rozwiązanie jest całkowicie błędne, nieistotne lub niespójne

Aby zmierzyć stosunek grupy eksperymentalnej do nauki matematyki z techniką, dla każdej z podskal zastosowano format oceny typu Likerta: Zaufanie do matematyki [MC], Zaufanie do technologii [TC], Postawa do nauki Matematyka z technologią [MT], Efektywne zaangażowanie [AE] (oceniane na 5 -

zdecydowanie zgadzają się na 1 - zdecydowanie się nie zgadzają). W podskali Behavioral Engagement [BE] zastosowano inny, lecz podobny zestaw reakcji. Ponownie zastosowano system pięciopunktowy - Zawsze, Często, Regularnie, Rzadko, Nigdy (ponownie uzyskał wynik od 5 do 1). Wyniki zostały przeanalizowane przy użyciu poniższej skali.

Wyniki:	**Wartość opisowa**		**Tłumaczenie ustne**
4.20 – 5.00	Bardzo stanowczo zgadzam się	Zawsze	Bardzo korzystne
3.40 – 4.19	Zdecydowanie zgadzam się	Często	Wysoce korzystny
2.60 – 3.39	Uzgodnić	Regularnie	Korzystny
1.80 – 2.59	Nie zgadzam się	Rzadko	Umiarkowanie korzystny
1.00 – 1.79	Zdecydowanie nie zgadzam się	Nigdy	Niekorzystne

Do przeprowadzenia analizy statystycznej wykorzystano Pakiet Statystyczny dla Nauk Społecznych (SPSS).

WYNIKI I DYSKUSJA

W tej sekcji przedstawiono wyniki badań, które obejmują wyniki uczestników obliczeń różnicowych oraz różnicę między średnimi wynikami grup eksperymentalnych i kontrolnych w okresie przed i po teście. Prezentuje on również nastawienie grupy eksperymentalnej do nauki matematyki z Microsoftem przed i po eksperymencie.

Wykonania przed- i po-testowe grup eksperymentalnych i kontrolnych

W tabelach 1 i 2 przedstawiono wyniki testów wstępnych i pokontrolnych grup eksperymentalnych i kontrolnych w zakresie rozumienia pojęć i testów umiejętności proceduralnych.

Tabela 1 Precyzyjne i posttestowe wyniki uczestników w zakresie zrozumienia pojęciowego

Wyniki:	Grupa eksperymentalna (n=30)				Grupa kontrolna (n=30)			
	Pretest		Posttest		Pretest		Posttest	
	F	%	F	%	F	%	F	%
21 – 25 (E)								
16 - 20 (VS)							2	6.7
11 – 15 (S)	4	13.3	14	46.7	4	13.3	15	50.0
6 – 10 (F)	24	80.0	16	53.3	23	76.7	11	36.6
0 – 5 (P)	2	6.7			3	10.0	2	6.7
Mean	**8.27 (F)**		**10.60 (S)**		**8.27 (F)**		**10.50 (F)**	

Tabela 1 przedstawia wyniki pretestowe i posttestowe uczestników z grup eksperymentalnych i kontrolnych. Jak wynika z tabeli, większość uczniów w obu grupach ma wyniki w testach wstępnych w zakresie od 6 do 10. Wynik ten wskazuje, że w preteście wypadli uczciwie. Z tabeli wynika również, że grupy eksperymentalne i kontrolne mają taką samą średnią ocenę pretestową 8,27, co oznacza, że obie grupy mają uczciwe wyniki przed przeprowadzeniem badania. Wartość ta wskazuje ponadto, że studenci nie posiadają dużej wiedzy na temat ważnych pojęć z zakresu rachunku różnicowego.

Rezultat tego badania potwierdzają badania Zakarii i Salleh (2015), w których stwierdzono, że studentom zapisanym na kursy Techniki Inżynieryjnej brakowało mocnych podstaw Calculus, o czym świadczą ich niskie osiągnięcia w przedmiotowym zakresie. W związku z tym Mahir (2009) stwierdził, że jedną z przyczyn słabych wyników uczniów w zakresie rachunku jest brak zrozumienia pojęciowego.

W odniesieniu do wyników uczestników po testach, tabela pokazuje poprawę wyników w obu grupach. Studenci w grupie eksperymentalnej osiągają wyniki od sprawiedliwych do zadowalających. Ten sam występ wystawia większość uczniów w grupie kontrolnej. Dane te ujawniają również, że średni wynik grup eksperymentalnych i kontrolnych jest prawie równy. Grupa eksperymentalna uzyskała średnią ocenę 10,6, natomiast grupa kontrolna 10,5. Jak wynika z oceny średniej pokontrolnej, koncepcyjne zrozumienie uczestników grupy eksperymentalnej jest zadowalające, a jednocześnie sprawiedliwe dla grupy kontrolnej. Średnie wyniki sugerują, że uczniowie mają niewielkie zrozumienie podstawowych pojęć z zakresu rachunku. Wielu studentów nie jest w stanie dogłębnie zrozumieć tych pojęć i uważa, że rachunek jest bardzo trudny i abstrakcyjny (Zhang, 2003 cytowany przez Mokhtara i in., 2010).

Wyniki tego badania były podobne do wyników badań Mahira (2009) i Salleh & Zakarii (2011), które wykazały, że uczniowie mają trudności ze zrozumieniem koncepcji rachunku całkowego.

Tabela 2 Precyzyjne i posttestowe wyniki uczestników w zakresie umiejętności proceduralnych

Wyniki:	**Grupa eksperymentalna (n=30)**				**Grupa kontrolna (n=30)**			
	Pretest		**Posttest**		**Pretest**		**Posttest**	
	F	**%**	**F**	**%**	**F**	**%**	**F**	**%**
61 – 75 (E)							2	6.7
46 - 60 (VS)			3	10.0			2	6.7
31 – 45 (S)			20	66.7			13	43.3
16 – 30 (F)			7	23.3			13	43.3
0 – 15 (P)	30	100			30	100		
Mean	**4.77 (P)**		**36.83 (S)**		**3.93 (P)**		**33.77 (S)**	

Tabela 2 przedstawia wyniki uczestników egzaminu z umiejętności proceduralnych. Jak wynika z tabeli, wszyscy uczniowie z grup eksperymentalnych i kontrolnych wypadli słabo w teście wstępnym z punktacją od 0 do 15. Co więcej, tabela pokazuje bardzo niskie średnie wyniki pretestu dla obu grup. Z dalszej analizy pracy uczniów wynika, że część z nich nie próbowała rozwiązać danych problemów. Inni próbowali, ale nie udało im się kontynuować z powodu braku wiedzy lub zrozumienia idei rachunku do rozwiązywania problemów. Wynik ten wskazuje, że studenci mają niewielką intuicję co do pojęć i procesów rachunku, co potwierdza poprzedni wynik. Możliwe, że uczniowie po prostu odgadywali swoje odpowiedzi w teście konceptualnym, ponieważ dany test jest typem wielokrotnego wyboru.

Według Bosse'a i Bahra (2008), wiedza proceduralna i koncepcyjna uzupełniają się, co jest zgodne z poglądem Tall'a (2008) na wiedzę proceduralną jako część wiedzy koncepcyjnej.

Dane pokazują również, że ponad trzy czwarte (76,7%) grupy eksperymentalnej i ponad połowa (56,7%) grupy kontrolnej ma co najmniej zadowalające wyniki w teście końcowym. Ponadto grupa doświadczalna uzyskała średnią ocenę 36,83, natomiast grupa kontrolna średnią ocenę 33,77, co wskazuje na zadowalające wyniki. Wynik ten oznacza, że obie grupy poprawiły swoje wyniki po przeprowadzeniu eksperymentu. Grupa eksperymentalna uzyskała jednak wyższą średnią punktację po testach niż grupa kontrolna.

Wynik ten sugeruje, że zastosowanie tradycyjnego i opartego na technologii podejścia w nauczaniu i uczeniu się matematyki może poprawić wyniki z matematyki.

Badanie znaczących różnic w wynikach badań przed- i poprzeprojektowych grup eksperymentalnych i kontrolnych

W tabeli 3 przedstawiono wyniki badań t-testowych dotyczących istotnych różnic w wynikach badań wstępnych grup doświadczalnych i kontrolnych.

Tabela 3 Wystarczająca różnica w wynikach badań wstępnych grup doświadczalnych i kontrolnych

Domena	Grupa	Mean	wartość t:	wartość p-wartość	Tłumaczenie ustne
Zrozumienie pojęciowe	Eksperymentalny	8.27	0.000	1.000	Nie Sig.
	Kontrola	8.27			
Umiejętności proceduralne	Eksperymentalny	4.77	1.335	0.187	Nie Sig.
	Kontrola	3.93			

Jak pokazano w tabeli, nie ma statystycznie istotnej różnicy między średnimi wynikami grup eksperymentalnych i kontrolnych w testach umiejętności zarówno koncepcyjnych, jak i proceduralnych. Oznacza to, że obie grupy mają porównywalne zdolności matematyczne przed przeprowadzeniem badania.

W tabeli 4 przedstawiono wyniki badania t-testowego dotyczące istotnych różnic w wynikach badań poeksploatacyjnych grup doświadczalnych i kontrolnych.

Tabela 4 Ważna różnica w wynikach badań poeksploatacyjnych grup doświadczalnych i kontrolnych

Domena	Grupa	Mean	wartość t:	wartość p-wartość	Tłumaczenie ustne
Zrozumienie pojęciowe	Eksperymentalny	10.60	0.146	0.884	Nie Sig.
	Kontrola	10.50			
Umiejętności proceduralne	Eksperymentalny	36.83	1.178	0.243	Nie Sig.
	Kontrola	33.77			

Średnia ocena obu grup po teście nie wykazuje statystycznie istotnej różnicy. Wartość t wynosząca 0,146 i wartość p wynosząca 0,884 dla testu koncepcyjnego oraz wartość t wynosząca 1,178 i wartość p wynosząca 0,243 dla testu umiejętności proceduralnych wskazują, że wyniki po teście nie różnią się znacząco w grupach eksperymentalnych i kontrolnych. Wynik sugeruje, że integracja technologii w nauczaniu i uczeniu się rachunku jest równie skuteczna jak tradycyjne podejście.

Wyniki badań są popierane przez wielu badaczy cytowanych przez Slavickovą (2013), którzy próbowali porównać umiejętności proceduralne studentów w grupach eksperymentalnych, nauczanych za pomocą ICT, z tymi z grup kontrolnych nauczanych tradycyjnie. W wyniku tych badań stwierdzono, że nie ma istotnej różnicy między tymi dwiema grupami. Podobny wniosek zgłosił McClaran (2013), który badał wpływ interaktywnych apletów na koncepcyjne zrozumienie przez uczniów zmian parametrów funkcji rodzica.

Badania Purwanti i Pustari (2013) wykazały również, że osiągnięcia uczniów nauczanych przy użyciu matematyki Microsoft były wyższe niż te, które były nauczane tradycyjną metodą nauczania. Wyniki badania wykazały jednak również, że różnica między grupami pod względem oceny poprawy nie była znacząca.

Co więcej, Schumacher i Kennedy (2008), którzy badali wiedzę z zakresu kalkulacji u uczniów nastawionych na nauczyciela i studentów, nie znaleźli statystycznego znaczenia dla powodzenia tych dwóch grup uczniów.

Badanie istotnych różnic w wynikach przed i po teście grupy eksperymentalnej

W tabeli 5 przedstawiono test istotnych różnic między wynikami grupy eksperymentalnej przed i po eksperymencie.

Tabela 5 Ważna różnica w wynikach grupy eksperymentalnej przed testem i po nim

Domena	Test	Mean	Średnia różnica	wartość t:	wartość p-wartość	Tłumaczenie ustne
Zrozumienie pojęciowe	Pretest	8.27	2.333	4.436	.000	Znaczący
	Posttest	10.60				
Umiejętności proceduralne	Pretest	4.77	32.067	22.067	.000	Znaczący
	Posttest	36.83				

Jak wynika z tabeli, średni wynik testu wstępnego dla testu koncepcyjnego wynosi 8,27, natomiast średni wynik po teście wynosi 10,6. Różnica 2,33 w średniej punktacji pretestowej i posttestowej odzwierciedla znaczący wzrost wydajności studentów w grupie eksperymentalnej. Oznacza to, że średni wynik po eksperymencie jest znacznie wyższy niż średni wynik przed eksperymentem.

Uzyskana w ten sposób statystyka pary t wynosi 4,436 przy statystycznej istotności p = 0,000 < .01. Wynik ten oznacza znaczną różnicę w punktacji.

Podobny wynik wykazuje się w przypadku egzaminu z umiejętności proceduralnych. Średnia różnica wynosząca 32,067 stanowi dowód na to, że wyniki uczniów w teście końcowym są wyższe niż w teście wstępnym. Wartość prawdopodobieństwa wynosząca .000 ujawnia również znaczącą różnicę w wynikach pretestu i posttestu uczestników.

Ogólnie rzecz biorąc, po włączeniu matematyki Microsoftu do nauczania i uczenia się matematyki, uczniowie uzyskali wyższe wyniki na teście końcowym niż na teście wstępnym. Wynik wyraźnie pokazuje, że wykorzystanie Microsoft Mathematics poprawiło zarówno zrozumienie pojęciowe uczniów, jak i ich umiejętności proceduralne w zakresie rachunku różnicowego.

Wyniki tego badania są zgodne z ustaleniami Dikovića (2009) z jego badań nad zastosowaniami Geogebry w nauczaniu niektórych tematów matematyki na poziomie szkoły wyższej. Badania potwierdziły, że wykorzystanie apletów stworzonych przy pomocy GeoGebry i wykorzystywanych w nauczaniu rachunku różnicowego miało pozytywny wpływ na zrozumienie i wiedzę studentów. Badanie t-testem sparowanych próbek wykazało znaczną różnicę w punktacji przed i po warsztatach GeoGebra.

Ponadto, Salleh i Zakaria (2013) zbadały wpływ integracji technologii na koncepcyjne i proceduralne rozumienie przez uczniów programu Integral Calculus i doszły do wniosku, że uczniowie skorzystali na integracji oprogramowania klonowego w nauce programu Integral Calculus. Stwierdzono, że oba rodzaje zrozumienia zostały pomyślnie wzmocnione przy użyciu oprogramowania matematycznego.

Postawa grupy eksperymentalnej wobec nauki matematyki z technologią przed i po eksperymencie

W tabeli 6-11 przedstawiono stosunek grupy eksperymentalnej do nauki matematyki z technologią przed i po eksperymencie.

Tabela 6 Aktualność grupy eksperymentalnej pod względem pewności matematycznej

Pozycje	Pretest		Posttest	
	Mean	**DV**	**Mean**	**DV**
1. Mam matematyczny umysł	3.40	Wysoce korzystny	3.50	Wysoce korzystny
2. Mogę uzyskać dobre wyniki w matematyce	3.27	Korzystny	3.33	Korzystny
3. Wiem, że radzę sobie z trudnościami z matematyką.	3.47	Wysoce korzystny	3.57	Wysoce korzystny
4. Jestem pewna, że z matematyką	3.38	Korzystny	3.54	Wysoce korzystny
Ogólny średni	**3.38**	**Korzystny**	**3.48**	**Wysoce korzystny**

Tabela pokazuje poprawę nastawienia uczniów do nauki matematyki w zakresie ich pewności siebie w matematyce. Wzrost średniej oceny z "korzystnej" do "wysoce korzystnej" oznacza, że wykorzystanie technologii w nauce matematyki poprawiło pewność siebie uczniów w matematyce. Ponadto uczniowie zdecydowanie zgodzili się, że mają umysł matematyczny i potrafią radzić sobie z trudnościami w matematyce.

Tabela 7 pokazuje postawę uczniów w zakresie ich zaufania do technologii.

Tabela 7 Aktualność grupy eksperymentalnej pod względem zaufania do technologii

Pozycje	Pretest		Posttest	
	Mean	**DV**	**Mean**	**DV**
1. Jestem dobry w używaniu komputera	3.77	Wysoce korzystny	3.83	Wysoce korzystny
2. Jestem dobry w używaniu magnetowidów, DVD, MP3 i telefonów komórkowych.	4.07	Wysoce korzystny	3.87	Wysoce korzystny
3. Mogę naprawić wiele problemów z komputerem	2.67	Korzystny	2.67	Korzystny
4. Potrafię opanować każdy program komputerowy potrzebny w szkole	3.10	Korzystny	3.23	Korzystny
Ogólny średni	**3.40**	**Wysoko Korzystny**	**3.40**	**Wysoko Korzystny**

Jak zauważono w tabeli, uczniowie mają bardzo korzystne nastawienie do pewności siebie związanej z technologią, co ujawnia się w ogólnym średnim wyniku. Uczniowie zdecydowanie zgodzili się, że mają zdolność do korzystania z technologii. Uczniowie stwierdzili, że są dobrymi użytkownikami komputerów i innych rzeczy, takich jak magnetowidy, płyty DVD, MP3 i telefony komórkowe. Wynik ten jest oczekiwany, ponieważ dzisiejsi uczniowie są "cyfrowymi tubylcami". Uczniowie również twierdzili, że potrafią opanować każdy program komputerowy potrzebny w szkole, jednak zgadzają się tylko, że mogą rozwiązać wiele problemów z komputerem.

Wyniki tego badania pokrywają się z ustaleniami Zakarii i Salleh (2015), że studenci biorący udział w badaniu "Using Technology in Learning Integral Calculus" mieli bardzo wysoką wartość dodatnią w stosunku do wykorzystania komputerów w swojej codziennej działalności. Również w badaniach Oktaviyanthi i Supriani (2014) stwierdzono, że uczniowie mają bardzo dobre nastawienie do obsługi komputera, ale ich poziom biegłości w zakresie technologii edukacyjnych jest przeciętny.

Tabela 8 Aktualność grupy eksperymentalnej w zakresie nauki matematyki z techniką

Pozycje	Pretest		Posttest	
	Mean	**DV**	**Mean**	**DV**
1. Lubię używać technologii w matematyce	2.47	Umiarkowanie korzystny	3.47	Wysoce korzystny
2. Wykorzystanie technologii w matematyce jest warte dodatkowego wysiłku	2.80	Korzystny	3.60	Wysoce korzystny
3. Matematyka jest bardziej interesująca w przypadku korzystania z technologii	2.60	Korzystny	3.53	Wysoce korzystny
4. Technologia pomaga mi lepiej uczyć się matematyki.	2.63	Korzystny	3.63	Wysoce korzystny
Ogólny średni	**2.63**	**Korzystny**	**3.56**	**Wysoce korzystny**

Jak zaznaczono w tabeli, nauka matematyki z techniką znacznie zmieniła postawę uczniów z "korzystnej" na "wysoce korzystną". Oznacza to, że postawa uczniów w zakresie wykorzystania technologii w nauce matematyki poprawiła się po wdrożeniu działań opartych na technologii. Uczniowie stali się bardziej zainteresowani nauką rachunku różnicowego dzięki zastosowaniu matematyki Microsoft, co zaowocowało większym zaangażowaniem w naukę. Integracja

Microsoft Mathematics w procesie nauczania i uczenia się umożliwiła studentom zbadanie i powiązanie różnych relacji i pojęć w matematyce poprzez różne reprezentacje (tj. graficzne, liczbowe i analityczne), które bez technologii były trudne do wyjaśnienia. Ponadto, uczniowie ujawnili, że wykorzystanie technologii w nauce matematyki jest warte dodatkowego wysiłku.

Wyniki tego badania potwierdzają wyniki badań wielu badaczy, że stosowanie technologii w nauczaniu matematyki zwiększa motywację uczniów (Mahmud, Ismail i Kiaw, 2009; Ekawati, 2008) oraz zaangażowanie w nauczanie w klasie (Prasek, Schwartz i Vorst, 2012; Al-Absi i Abed, 2014; Al-Ammary, 2012).

W tabeli 9 przedstawiono postawę uczniów w nauce matematyki w aspekcie afektywnym.

Tabela 9 A-tożsamość grupy eksperymentalnej pod względem zaangażowania afektywnego

Pozycje	Pretest		Posttest	
	Mean	**DV**	**Mean**	**DV**
1. Interesuje mnie nauka nowych rzeczy z matematyki	4.57	Bardzo korzystne	4.43	Bardzo korzystne
2. W matematyce, dostajesz nagrody za swój wysiłek	4.13	Wysoce korzystny	4.17	Wysoce korzystny
3. Nauka matematyki jest przyjemna	4.17	Wysoce korzystny	4.23	Bardzo korzystne
4. Mam poczucie satysfakcji, gdy rozwiązuję problemy z matematyką	4.60	Bardzo korzystne	4.33	Bardzo korzystne
Ogólny średni	**4.37**	**Bardzo korzystne**	**4.29**	**Bardzo korzystne**

Dane w tabeli pokazują, że generalnie studenci mają bardzo korzystne nastawienie w zakresie afektywnego zaangażowania. Na podstawie odpowiedzi uczniów stwierdzili, że nauka matematyki jest przyjemna. Zostało to zaobserwowane u uczniów podczas pracy nad działaniami opartymi na technologii, w których aktywnie uczestniczą w procesie uczenia się matematyki. Uczniowie mocno wierzą, że w matematyce otrzymują nagrody za swoje wysiłki.

Co więcej, uczniowie oświadczyli, że są zainteresowani nauką nowych rzeczy z matematyki i uważają ją za satysfakcjonującą emocjonalnie, gdy rozwiązują problemy z matematyki, co ujawniło się w ich odpowiedziach, co jest "bardzo korzystne"; choć obserwuje się nieznaczny spadek średniej postawy uczniów po teście, co można przypisać naturze i złożoności przedmiotu.

Tabela 10 przedstawia postawę uczniów w nauce matematyki w zakresie zaangażowania behawioralnego.

Tabela 10 Aktualność grupy eksperymentalnej w zakresie zaangażowania behawioralnego

Pozycje	Pretest		Posttest	
	Mean	**DV**	**Mean**	**DV**
1. Mocno koncentruję się na matematyce	3.93	Wysoce korzystny	4.10	Wysoce korzystny
2. Staram się odpowiadać na pytania, które zadaje nauczyciel	3.70	Wysoce korzystny	3.67	Wysoce korzystny
3. Jeśli popełniam błędy, pracuję do czasu, aż je naprawię.	3.70	Wysoce korzystny	3.67	Wysoce korzystny
4. Jeśli nie mogę zrobić problemu, ciągle próbuję różnych pomysłów.	3.73	Wysoce korzystny	3.83	Wysoce korzystny
Ogólny średni	**3.77**	**Wysoce korzystny**	**3.82**	**Wysoce korzystny**

Tabela ukazuje bardzo korzystną postawę uczniów w zakresie zaangażowania behawioralnego, jak pokazano w preteście i postteście średniej postawy. Uczniowie stwierdzili, że mocno koncentrują się na matematyce. Uczniowie potwierdzili również, że jeśli nie mogą zrobić problemu, nadal próbują różnych pomysłów lub podejść.

Wynik tego badania jest poparty ustaleniami Prasek, Schwartz, & Vorst (2012), że wdrażanie technologii w uczeniu się sprawia, że uczniowie są bardzo uważni i zaangażowani w naukę. Co więcej, stosowanie podejścia skoncentrowanego na uczniu i aktywnego uczenia się rozwija potencjał jednostek do bycia bardziej kreatywnymi i krytycznymi w swoim myśleniu (Mokhtar i in., 2010).

Tabela 11 przedstawia ogólny stosunek grupy eksperymentalnej do nauki matematyki z technologią.

Tabela 11 Ogólny stosunek studentów do nauki matematyki z technologią

WYMIAR	Pretest		Posttest	
	Mean	DV	Mean	DV
Matematyka Pewność siebie	3.38	Korzystny	3.48	Wysoce korzystny
Zaufanie do technologii	3.40	Wysoko Korzystny	3.40	Wysoko Korzystny
Nauka matematyki z technologią	2.63	Korzystny	3.56	Wysoce korzystny
Skuteczne zaangażowanie	4.37	Bardzo korzystne	4.29	Bardzo korzystne
Zaangażowanie behawioralne	3.77	Wysoce korzystny	3.82	Wysoce korzystny

Dane ujawniają, że generalnie uczniowie mają "bardzo korzystny" stosunek do nauki matematyki z technologią jeszcze przed eksperymentem, chociaż średnia po teście jest wyższa niż średnia po teście. Tabela pokazuje ponadto poprawę nastawienia przedmiotów w zakresie pewności siebie w matematyce i nauki matematyki z techniką. Dane te sugerują, że przedmioty mają bardziej przychylne nastawienie do tych wymiarów po zapoznaniu się z technologicznym podejściem do nauczania i uczenia się matematyki.

Test znaczącej różnicy w postawie przed- i po-testowej grupy eksperymentalnej

W tabeli 12 przedstawiono t-test dotyczący istotnych różnic między średnimi odpowiedziami na temat nastawienia do nauki matematyki z technologią przed i po teście.

Tabela 12 Ważna różnica w nastawieniu uczniów przed i po zastosowaniu Microsoft Mathematics

Wymiar	Test	Mean	Średnia różnica	wartość t:	wartość p-wartość	Tłumaczenie ustne
Matematyka Pewność siebie	Pretest	3.3750	.10556	.971	.339	Nieistotne
	Posttest	3.4806				
Zaufanie do technologii	Pretest	3.4000	.00000	.000	1.000	Nieistotne
	Posttest	3.4000				
Nauka matematyki z technologią	Pretest	2.6250	.93333	3.336	.002	**Znaczący**
	Posttest	3.5583				
Skuteczne zaangażowanie	Pretest	4.3667	.07500	.619	.541	Nieistotne
	Posttest	4.2917				
Zaangażowani e behawioralne	Pretest	3.7667	.05000	.588	.561	Nieistotne
	Posttest	3.8167				

Jak pokazano w tabeli, istnieje statystycznie istotna różnica w średnich ocenach pretestowych i posttestowych uczniów w odniesieniu do nauki matematyki z technologią. Średnia różnica 0,933 oznacza znaczący wzrost średniej postawy uczniów po teście. Jest to dodatkowo potwierdzone przez wartość t wynoszącą 3,336 i wartość prawdopodobieństwa 0,002, która jest mniejsza niż poziom istotności 0,05. Wynik ten oznacza, że zastosowanie Microsoft Mathematics w rachunku różnicowym pozytywnie wpłynęło na stosunek uczniów do nauki matematyki z technologią.

Dane te pokazują również, że chociaż nie ma istotnej różnicy w nastawieniu uczestników w zakresie pewności siebie w matematyce, pewności siebie z technologią, zaangażowania afektywnego i zaangażowania behawioralnego, to jednak studenci wykazali się przychylnym nastawieniem w tych dziedzinach. Wzrost średniej oceny postawy uczniów po teście w zakresie pewności siebie w matematyce odzwierciedla zwiększoną pewność siebie w wykonywaniu zadań z matematyki.

Arkusze działań oparte na technologii w rachunku różnicowym

Nauka matematyki musi być sensowna i angażująca dla uczniów, aby przygotować ich do wyzwań XXI wieku. Można to zrealizować poprzez dostarczenie uczniom odpowiednich doświadczeń poprzez działania edukacyjne, które pomogą im budować więzi matematyczne, jednocześnie zwiększając ich entuzjazm do nauki. W związku z tym nauczyciele matematyki powinni znaleźć skuteczne i innowacyjne sposoby, aby nauka matematyki stała się bardziej znacząca i angażująca dla uczniów.

W tym badaniu wyniki pokazują, że wykorzystanie technologii w nauczaniu i uczeniu się matematyki dostarcza nowych i potężnych sposobów badania i zgłębiania różnych pojęć matematycznych. Pozwala to uczniom na wizualizację i zrozumienie matematyki przy użyciu różnych reprezentacji, które prowadzą do lepszego uczenia się.

W ramach tego badania opracowano następujące technologiczne arkusze ćwiczeń, aby pomóc uczniom w zrozumieniu trudnych do zrozumienia istotnych pojęć z zakresu rachunku różnicowego. Każde ćwiczenie dostarcza różnych przedstawień, które wzmacniają i ilustrują znaczenia tych pojęć, co skutkuje poprawą wyników i nastawienia uczniów do nauki matematyki z wykorzystaniem technologii.

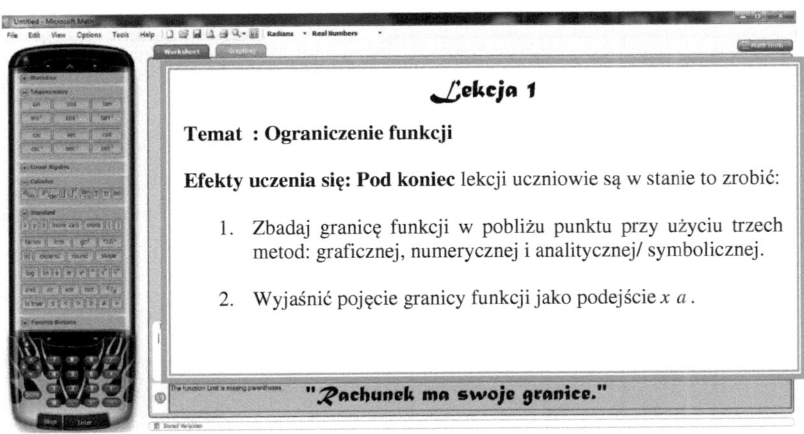

Działalność

W tym ćwiczeniu zbadasz granice funkcji w ujęciu x a graficznym, liczbowym i analitycznym. Korzystając z tych trzech perspektyw, zobaczysz, jak te trzy reprezentacje są ze sobą powiązane, co doprowadzi cię do odkrycia tego bardzo ważnego pojęcia w Rachunku.

> Weź pod uwagę funkcję $f(x) = x^2 + 3$. Zbadajcie granicę funkcji w miarę zbliżania się x do

Rozpocznij dochodzenie od wykresu funkcji $f(x) = x^2 + 3$ przy użyciu Microsoft Mathematics.

☞ Podejście graficzne

Kroki:

1. Otwórz program matematyczny Microsoft. Kliknij **zakładkę Wykresy**.

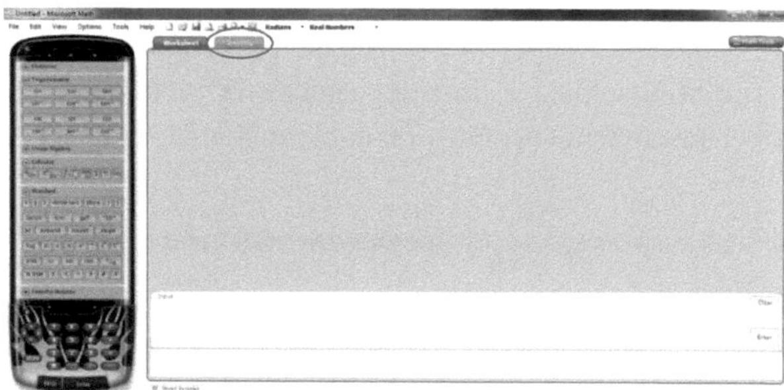

2. Kliknij okienko wprowadzania danych i wpisz funkcję " " za x^2+3 pomocą klawiatury lub **panelu kalkulatora,** a następnie kliknij przycisk **Enter**. (Należy zauważyć, że $y = f(x)$).

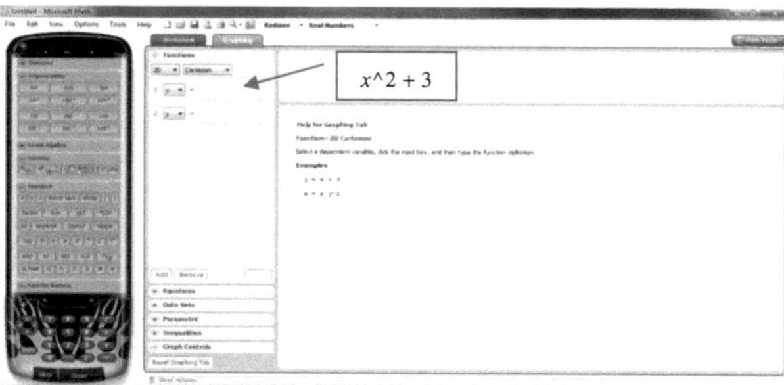

3. Następnie kliknij przycisk **Graph**, aby wyświetlić wykres.

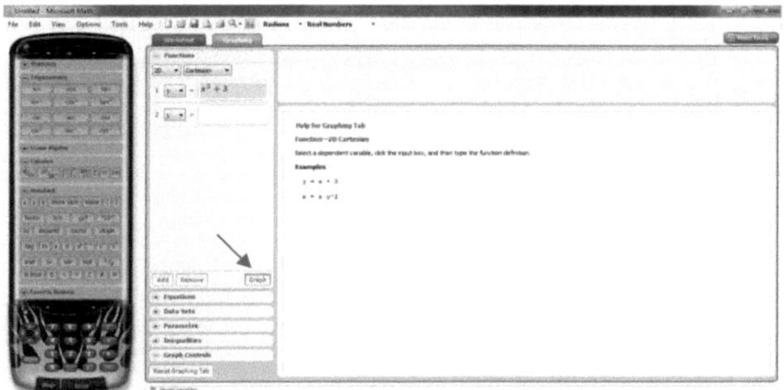

4. Wykres został przedstawiony poniżej.

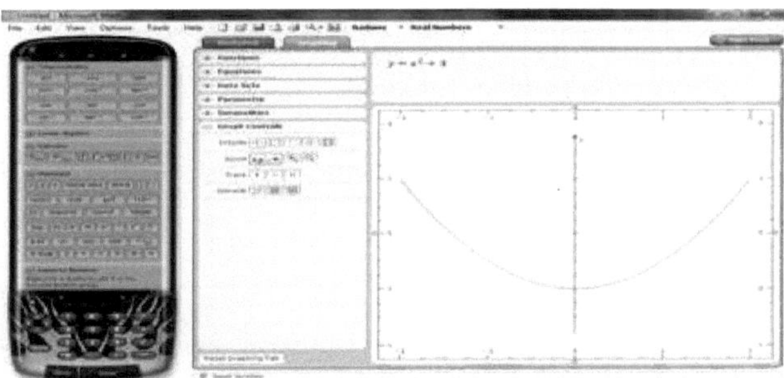

5. Aby zmienić format wyświetlania, użyj elementów sterujących **wykresem** i wybierz **ikonę** w polu **Display (Wyświetlanie). Na** przykład, aby wyświetlić **Siatkę**, wystarczy kliknąć **środkową** ikonę. Możesz również zmienić zakres wykresów klikając przycisk **Zakres wykresów**.

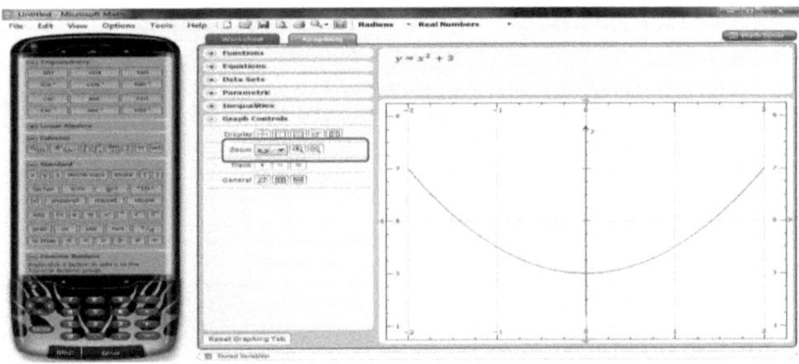

6. Teraz za pomocą funkcji Śledzenie kliknij na ikonę, aby śledzić wykres danej funkcji. Możesz kontrolować ruch kursora, klikając na

niego i przeciągając po wykresie. Gdy kursor **Trace** porusza się wzdłuż wykresu, wartości x- i y- pojawiają się na kursorze.

Pytania przewodnikowe: Przyjrzyj się uważnie wykresowi i odpowiedz na poniższe pytania:

1. Jak opisałbyś wykres danej funkcji?

____
___

____

2. Co obserwujecie na wykresie danej funkcji jako podejście x 1od lewej strony?

____
____

3. A kiedy podchodzi się x 1z prawej strony?

____
____

4. Ogólnie rzecz biorąc, jak zachowuje się wykres funkcji w zależności od podejścia x 1?

____
____

☞ Podejście numeryczne

Korzystając z tego samego okna podglądu, stwórz tabelę wartości klikając na **Utwórz tabelę** w menu **Ogólne w Kontrolki wykresu**. Następnie wprowadź zakres x wartości i liczbę punktów do wykreślenia. W tym przypadku uważamy, że wartości są bardzo zbliżone do 1 $(i.e.\ \min imum = 0.9\ \ and\ \ \max imum = 1.1)$, a liczba punktów do wykresu wynosi 10. Następnie kliknij **OK**.

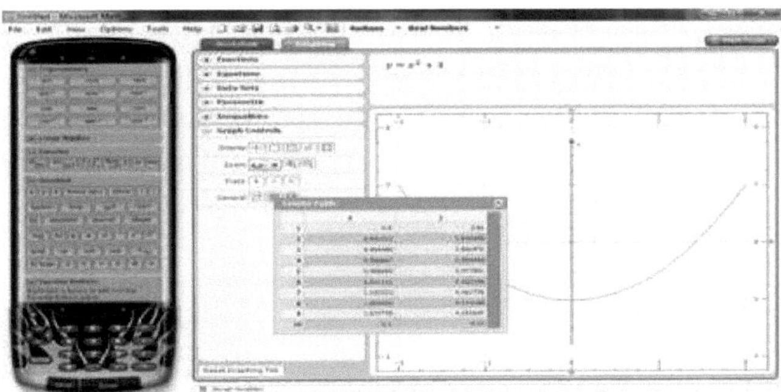

Pytania przewodnikowe: Na podstawie tabeli wartości funkcyjnych należy odpowiedzieć na następujące pytania:

1. Co się dzieje z wartością $y\ f(x)$ lub zbliżeniem do x 1 od lewej?

____

_____

2. Jak zachowuje się funkcja jak x podejście 1 od prawej?

____

_____

3. Jakie są wartości $f(x)$ podejścia jako podejście x 1 od lewej?

____

_____

4. A kiedy podejdziesz do 1 od prawej? x

____

_____

5. Czy wartości zbliżone $f(x)$ do x 1 z obu stron są równe?

____

_____

6. Ogólnie rzecz biorąc, jak funkcja ta zachowuje się jak podejście 1? x

☞ Podejście analityczne

Kliknij **zakładkę Arkusz pracy**. W polu wprowadzania danych wpisz "limit (x^2+3,x,1)" lub kliknij ikonę " " $\lim_{x\to}$ " w **panelu kalkulatora**, następnie wpisz daną funkcję, a następnie kliknij **Enter**.

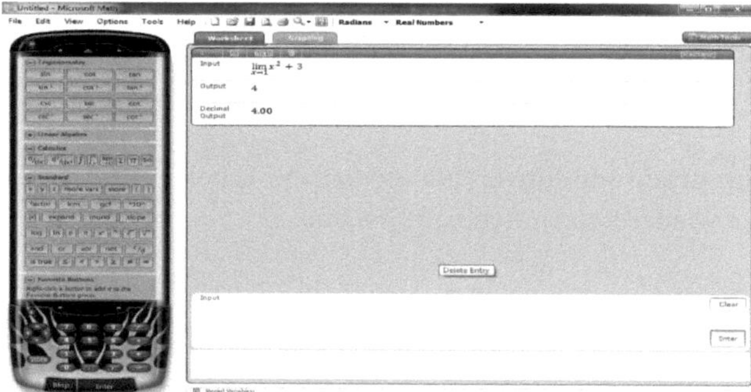

Pytania przewodnikowe:

1. Co to jest $\lim_{x\to 1}(x^2+3)$?

2. Jak będziecie to pisać symbolicznie?

3. Teraz, opierając się na twoim dochodzeniu przy użyciu trzech podejść, wyjaśnij, co to oznacza poprzez $\lim_{x\to 1}(x^2+3)=4$?

Dalsze badania nad kluczową koncepcją

Podana funkcja $y = f(x)$ i numery a oraz L (patrz rysunek po prawej stronie),

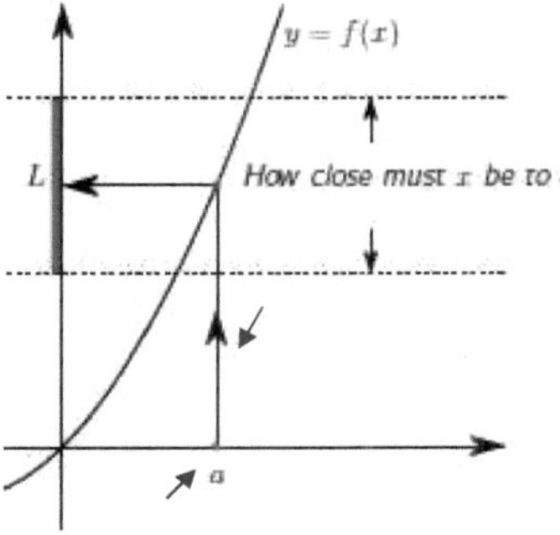

1. Jak zachowuje się $f(x)$ wykres x a z lewej strony?

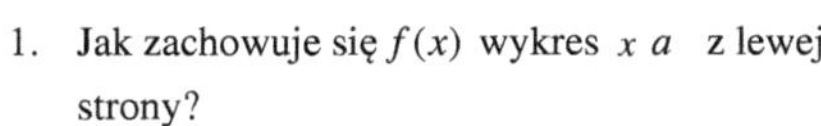

____

____

2. Jak zachowuje $f(x)$ się wykres jak podejście x a z prawej strony?

____

3. Jaką wartość przybliża się funkcja $f(x)$ jako podejście x a od lewej strony?

____

____

4. Jaką wartość ma funkcja $f(x)$ jako podejście x a od prawej?

____

____

5. Co to jest? $\lim_{x \to a^-} f(x)$

____

____

6. Co to jest? $\lim_{x \to a^+} f(x)$

____

____

7. W ogóle, co to jest? $\lim_{x \to a} f(x)$

____

____

8. Z tymi wynikami wyjaśnij, co to znaczy przez **ograniczenie funkcji jako** $f(x)$ **podejście** x a

____

_____

____

_____

Kluczowa koncepcja

Definicja:

Dla danej funkcji $f(x)$, granica funkcji $f(x)$ jest wartością L zbliżoną $f(x)$ x do danej wartości a. W symbolu,

$$\lim_{x \to a} f(x) = L$$

Self-Test

(Można to zrobić w grupach po 3-5 osób)

Zbadaj podane limity funkcji przy użyciu Microsoft Mathematics i odpowiedz na pytania:

1. $\lim_{x \to 2}(x^3 + x - 2)$
2. $\lim_{x \to 3} \sqrt{x + 6}$
3. $\lim_{x \to -1}(2x + 3)\sqrt{x^2 + 8}$
4. $\lim_{x \to 1} \frac{2 - x}{4 - x}$
5. $\lim_{x \to 3} \frac{5x^2 - 8x - 13}{x^2 - 5}$

Pytania:

1. Jak opisałbyś wykres danej funkcji?
2. Jak zachowuje $f(x)$ się wykres zbliżony x do podanej wartości a ?
3. Jaką wartość przybliża się funkcja jako x podejście a od lewej strony?
4. Jaką wartość ma funkcja jako x podejście a od prawej?
5. Jaka jest granica $f(x)$ x podejść a ?

Ocena

A. Wykres po prawej stronie przedstawia wykres

$$g(x)=\begin{cases} -2x+3 & if \quad x>-1 \\ 4-x^2 & if \quad x\le -1 \end{cases}$$

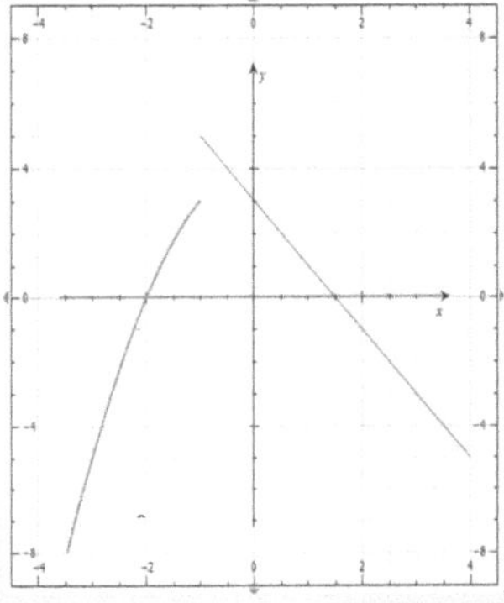

Pytania:

1. Opisać wykres z $g(x)$.

____

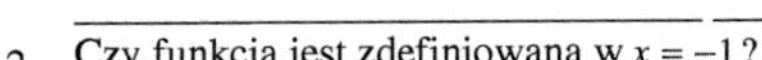

2. Czy funkcja jest zdefiniowana w $x=-1$?

___

3. Jaka jest granica od $g(x)$ x *approaches* -1 lewej?

___

4. Jaka jest granica $g(x)$ x *approaches* -1 od prawej?

____

5. Czy istnieje jakaś wartość lub liczba, która $g(x)$ jest bliska wszystkim punktom w małej okolicy____ $x=-1$?
6. Czy $\lim\limits_{x\to -1} g(x)$ istnieje? ____

B. Oceń algebraicznie następujące granice.

1. $\lim\limits_{x\to -1}\left(-2x^2+5x-2\right)$

2. $\lim\limits_{x\to 1}\dfrac{x^2+2x-1}{x+2}$

3. $\lim\limits_{x\to 3}\sqrt{x^3-3x^2+2}$

4. $\lim\limits_{x\to 0}\dfrac{(2x+1)^4}{(3x^2+1)^2}$

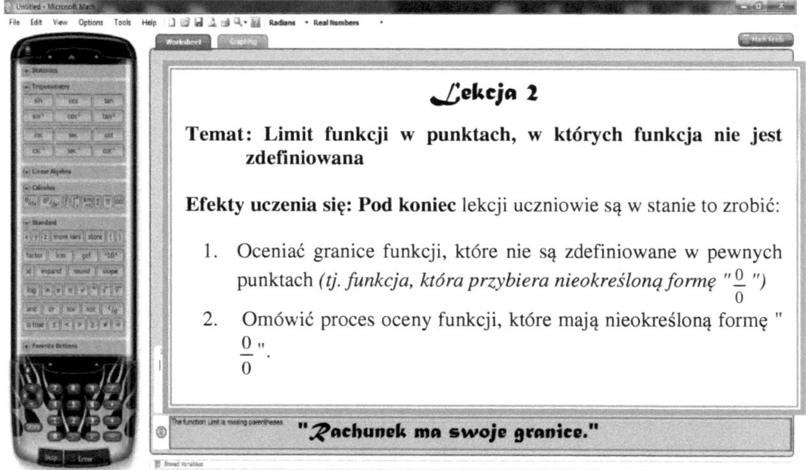

Działalność

W tym ćwiczeniu nauczysz się jak znaleźć granice funkcji, które nie są zdefiniowane w pewnych punktach graficznie, numerycznie i analitycznie. Aby uzyskać wartości graniczne, należy również użyć różnych procesów algebraicznych i właściwości trygonometrycznych.

> Biorąc pod uwagę funkcję $f(x) = \dfrac{x^2 + x - 12}{x - 3}$. Ustalenie zachowania się funkcji $f(x)$ w miarę zbliżania się 3. x

☞ Podejście graficzne

Krok 1Wyświetlenie wykresu danej funkcji poprzez wpisanie danych $\dfrac{x^2 + x - 12}{x - 3}$ w okienku wprowadzania za pomocą **klawiatury** lub **panelu kalkulatora**, a następnie kliknij przycisk **Enter**. Kliknij przycisk **Graph**, aby wyświetlić wykres. Zmień format wykresu, klikając wielokrotnie przycisk Powiększenie lub ikonę Zakres wykresu w celu lepszej wizualizacji.

Pokaż **siatkę**, klikając **środkową ikonę** w funkcji **Wyświetlanie**. Wykres został przedstawiony poniżej.

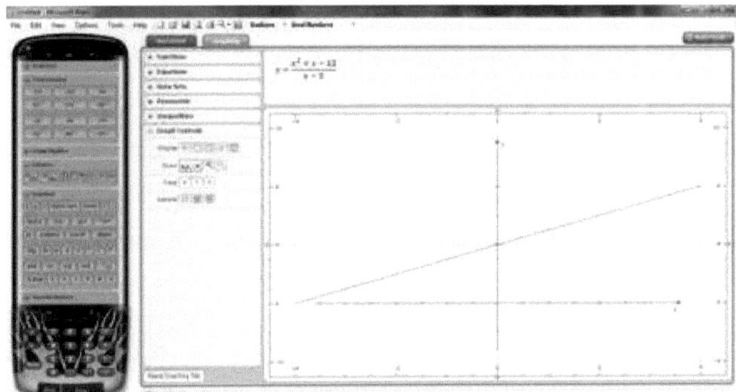

Pytania przewodnikowe:

1. Co można powiedzieć o wykresie danej funkcji?

___

2. Czy można sobie wyobrazić prostszą funkcję, której wykres jest dokładnie taki sam jak powyższy? Jeśli tak, to co to jest?

___

Krok 2Aktywuj kursor Trace, klikając przycisk **Trace**, aby przesunąć kursor wzdłuż wykresu.

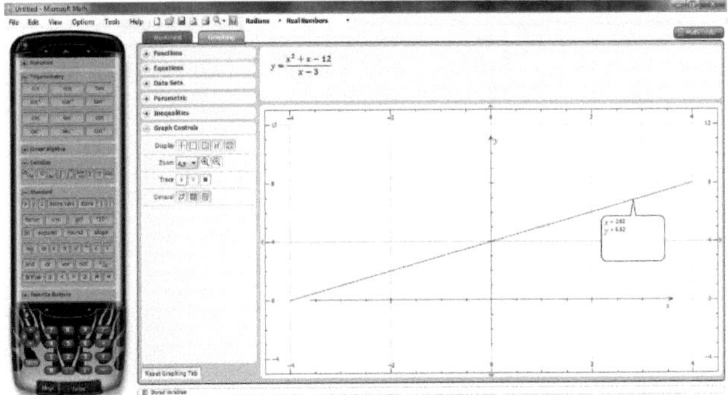

3. Jak zachowuje $f(x)$ się wykres jak zbliża x się do 3 od lewej?

___

___

4. A co z tym, kiedy zbliża się x do siebie 3 z prawej strony?

___

___

___

___

5. Graficznie, jak można opisać zachowanie funkcji jako podejście x 3 z obu stron?

___

___

___

☞ Podejście numeryczne

Utwórz tabelę wartości, klikając na ikonę **Utwórz tabelę.** Następnie wprowadź zakres x wartości i liczbę punktów do wykreślenia. W tym przypadku wybieramy 2,9 jako wartość minimalną x i 3,1 jako maksymalną. Dla liczby punktów do wykreślenia wybieramy 10, a następnie klikamy **OK**.

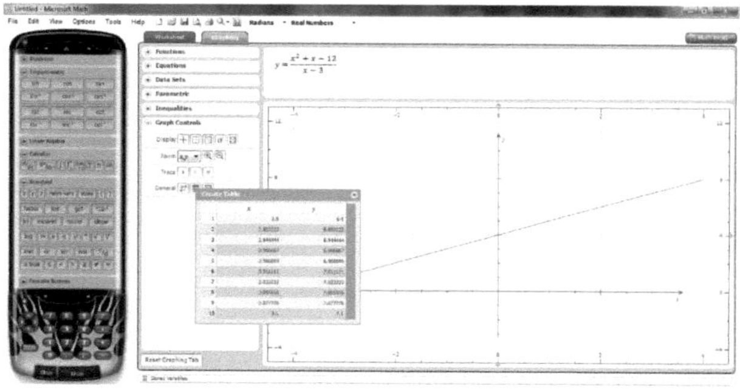

Pytania przewodnikowe:

1. Przyjrzyj się uważnie Tabeli wartości funkcyjnych. Co widzisz na wartościach funkcji, gdy zbliżasz się do x 3 od lewej?

____

____

2. Jak wartości funkcji zachowują się jak x 3 od prawej?

____

____

3. Jakie są wartości podejścia $f(x)$ funkcjonalnego w podejściu x 3 od lewej strony?

____

____

4. Do jakiej wartości zbliża się funkcja $f(x)$ x, gdy zbliża się 3 od prawej?

____

____

5. Porównaj wyniki w (3) i (4). Co zaobserwowałeś o tych wartościach?

____

____

6. Ogólnie rzecz biorąc, jak można opisać zachowanie funkcji jako x podejście 3?

____

____

____

____

☞ Podejście analityczne

Etap 1 Użycie **zakładki Arkusz pracy** określa, czy funkcja jest zdefiniowana w $x=3$. W tym celu należy kliknąć na przycisk **Store** w **panelu kalkulatora,** wpisać "$3 \rightarrow x$" na **pasku wprowadzania**, a następnie kliknąć **Enter**. Następnie należy wpisać funkcję na $\frac{x^2+x-12}{x-3}$ **pasku wejściowym,** a następnie kliknąć przycisk **Enter.**

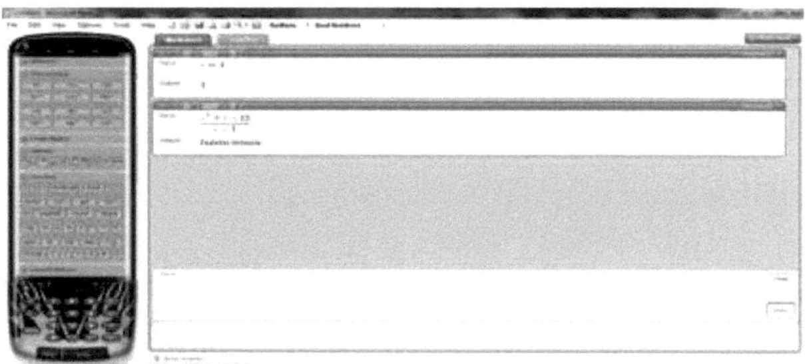

Pytania przewodnikowe:

1. Na podstawie wyniku, czy funkcja jest zdefiniowana na $x=3$?

____

____

Etap 2 Obliczyć limit danej funkcji, ale najpierw wyczyścić zapisaną zmienną klikając w dolnej części okna podglądu. W wyskakującym okienku, które pojawi się na Twoim ekranie, kliknij przycisk **usuń**, a następnie zamknij okienko.

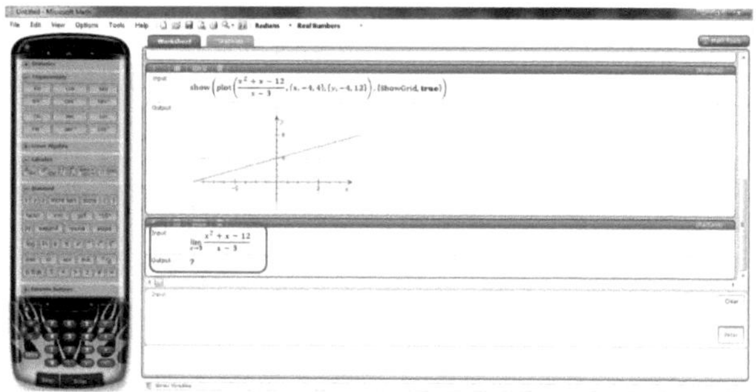

2. Co to jest________________________ $\lim_{x\to 3}\left(\frac{x^2+x-12}{x-3}\right)$?

3. Ponieważ to podejście da ci odpowiedź tylko do określonego limitu, czy masz pojęcie, jak ta odpowiedź została uzyskana? *(Wskazówka: Spójrz na swoją odpowiedź w pytaniu 2 przy użyciu podejścia graficznego. Jak powstała równoważna/nowa funkcja?)*

____

____

____

____

____

____

4. Pokazać rozwiązanie problemu, rozwiązując go ręcznie, bez użycia matematyki Microsoft?

Rozwiązanie:

Dalsze poszukiwania

Let $f(x)=\dfrac{\sqrt{x+3}-2}{1-x}$ i $g(x)=\dfrac{1}{\sqrt{x+3}+2}$. Ustalenie zachowania się funkcji w miarę zbliżania się 1. x

☞ Podejście graficzne

Wyświetlić wykres poszczególnych funkcji. Aby uzyskać dobry widok, zmień zakres x i y wartości, klikając przycisk **Zakres wykreślania.** Dla zmiennej x - użyj, $-8\ to\ 8$ a dla y - zmiennej użyj $-2\ to\ 2$. Pokaż **siatkę**, klikając **środkową ikonę** w funkcji **Wyświetlanie**. Przeciągnij **kursor Trace** wzdłuż krzywej i obserwuj zachowanie punktów na wykresie.

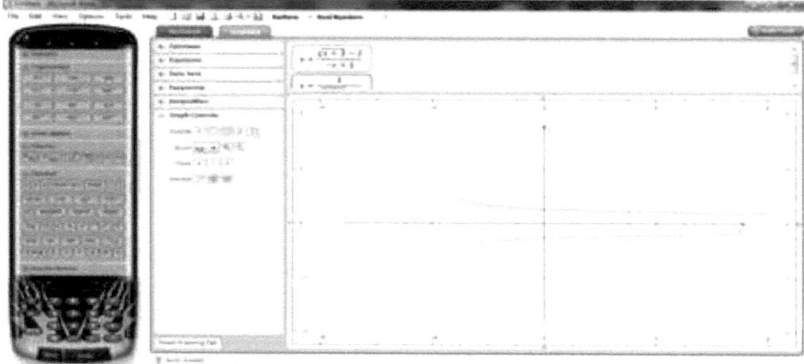

Pytania przewodnikowe:

1. Proszę opisać wykresy poszczególnych funkcji.

____

____

2. Jak porównują się wykresy poszczególnych funkcji?

____

3. Co dzieje się z wykresami, gdy zbliżamy się do x 1 od lewej?

____

____

4. Jak zachowują się wykresy jak x podejście 1 od prawej?

____

____

5. Ogólnie rzecz biorąc, jak można opisać zachowanie się wykresów jako podejście x 1 z obu stron?

☞ Podejście numeryczne

Tworzenie tabeli wartości dla danych funkcji. Dla funkcji $f(x)$, *kliknij na* pierwszą funkcję w celu podkreślenia, a następnie kliknij na ikonę **Utwórz tabelę**. Wprowadź zakres x wartości i liczbę punktów do wykreślenia. W tym przypadku wybieramy 0,9 jako wartość minimalną x i 1,1 jako maksymalną. Dla liczby punktów do wykreślenia wybieramy 10, a następnie klikamy **OK.** Powtórzyć proces dla funkcji $g(x)$.

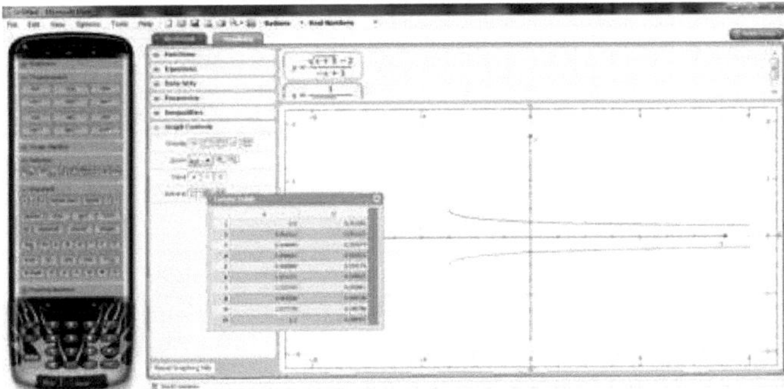

Pytania przewodnikowe:

1. W jaki sposób wartości funkcji zachowują się jak x podejście 1 od lewej?

2. Co dzieje się z wartościami funkcji, które zbliżają się do x 1 od prawej?

3. Do jakiej wartości każda z funkcji podchodzi jako do x 1 od lewej?

4. x Czy wartość zbliżająca się do każdej z funkcji jest taka sama, x gdy zbliża się 1 od lewej, gdy zbliża się 1 od prawej?

5. Co mówi tabela wartości o zachowaniu się funkcji jako x podejście 1?

Podejście analityczne

Krok 1Określić , czy funkcje są zdefiniowane w x=1. Za pomocą **zakładki Worksheet** kliknij przycisk **Store** w **panelu kalkulatora,** aby zapisać 1 jako zmienną i wpisz "$1 \rightarrow x$" " w **oknie Input,** a następnie kliknij Enter. Następnie w **okienku Input wpisz** podane funkcje, a następnie naciśnij **Enter**.

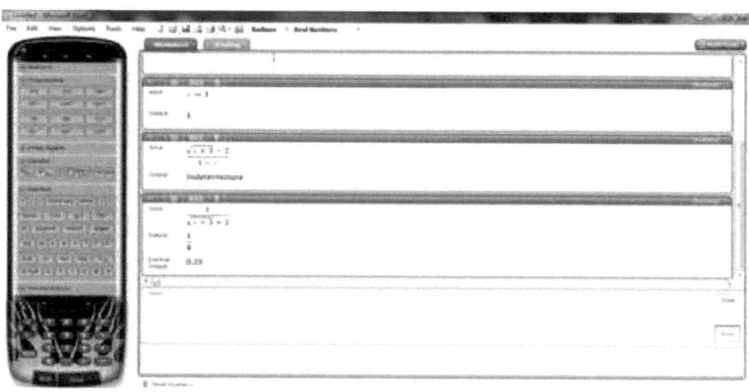

Pytania przewodnikowe:

1. Czy funkcje określone w $x=1$?

____

____

____

Krok 2Wyczyść zapisaną zmienną, klikając dolną część okna podglądu. Oblicz limit funkcji za pomocą ikony limitu na **panelu kalkulatora,** a następnie wpisz funkcje w **okienku wprowadzania danych**. Następnie kliknij przycisk **Enter.**

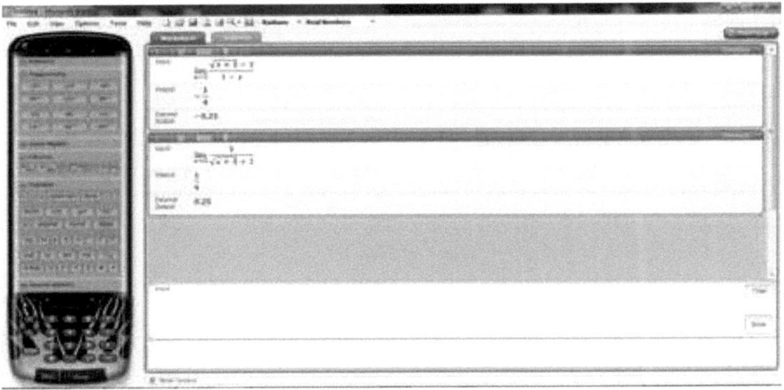

2. $f(x)=\dfrac{\sqrt{x+3}-2}{1-x}$ Jaka jest granica w x podejściu 1?

____

3. $g(x)=\dfrac{1}{\sqrt{x+3}+2}$ Jaka jest granica w x podejściu 1?

____

4. Co można powiedzieć o ograniczeniach danych funkcji?

–

5. Co można wnioskować o funkcjach?

____

____

____

______ __________

6. Czy pierwszą funkcję można wyrazić w postaci funkcji drugiej? Jeśli tak, to jaki proces algebraiczny będziesz stosował? Pokaż swoje rozwiązanie.

Rozwiązanie:

Kluczowa koncepcja

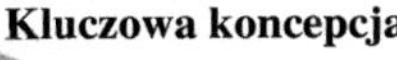

Jeżeli funkcja racjonalna $f(x)=\frac{N(x)}{D(x)}=\frac{0}{0}$ *when* $x=a,$ upraszcza zastosowanie procesów algebraicznych *(faktoring, specjalny produkt, racjonalizacja, podział wielomianu, łączenie frakcji w jedną frakcję itp.)* oraz procesów/właściwości trygonometrycznych *(np. tożsamości trygonometryczne itp.)* w celu uzyskania limitu.

Self-Test

Dla każdego z podanych limitów należy zbadać, czy limit istnieje przy danej wartości, x odpowiadając na pytania:

1. $\lim\limits_{x \to 1} \dfrac{\sqrt{x+3}-2}{1-x}$

2. $\lim\limits_{x \to 1} \dfrac{x^3-1}{x^2-1}$

3. $\lim\limits_{x \to 3} \dfrac{x-3}{\sqrt{x-2}-\sqrt{4-x}}$

4. $\lim\limits_{x \to 2} \dfrac{3x^2-x-10}{x^2-4}$

5. $\lim\limits_{x \to 0} \dfrac{\sin^3 x}{\sin x - \tan x}$

Pytania:

1. Czy funkcja jest $f(x)$ zdefiniowana przy podanej wartości x?
2. Jak opisałbyś wykres danej funkcji?
3. Co dzieje się z wartością $f(x)$ zbliżoną x do danej wartości od lewej?
4. Co się dzieje z wartością $f(x)$, która zbliża x się do danej wartości od prawej?
5. Jaka jest wartość $\lim\limits_{x \to a} f(x)$?
6. Zilustruj proces oceny granicy poszczególnych funkcji za pomocą technik algebraicznych.

Ocena

Oceń algebraicznie następujące granice: Pokaż swoje kompletne rozwiązanie.

1. $\lim_{x\to 2}\dfrac{x^3-4x}{x-2}=$ ________________

2. $\lim_{x\to 2}\dfrac{\sqrt{3-x}-\sqrt{x-1}}{6-3x}=$ ____________

3. $\lim_{x\to 4}\dfrac{(x+2)^2-9x}{x-4}=$ ________

4. $\lim_{x\to 1}\left(\dfrac{1}{x-1}-\dfrac{2}{x^2-1}\right)=$ ______________

5. $\lim_{x\to 0}\dfrac{1-\cos 2x}{\sin x\sin 2x}=$ ______________

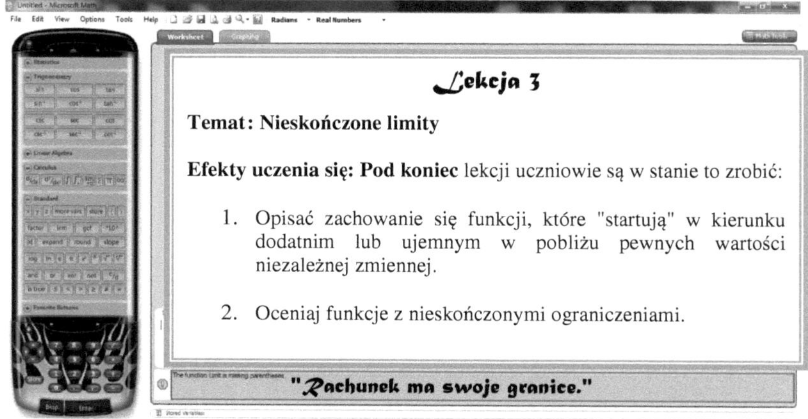

Działalność

W tym ćwiczeniu będziesz eksplorował funkcje z nieskończonymi ograniczeniami. Podobnie jak w przypadku poprzednich działań, dochodzenie zostanie przeprowadzone przy użyciu elementów graficznych, numerycznych i symbolicznych.

> Załóżmy, że mamy tę funkcję Czy $f(x)=\dfrac{1}{x-2}$. istnieje granica $f(x)$ jak w x podejściu 2? Badajcie z wykorzystaniem matematyki Microsoftu.

☞ Podejście graficzne

Kroki:

1. W **zakładce Graphing wpisz** $\dfrac{1}{x-2}$ " " " w pierwszym okienku wejściowym, a następnie naciśnij **Enter**. W drugim oknie wprowadzania zastąp zmienną y *by* x, a następnie wpisz 2 i kliknij przycisk **Enter**. Kliknij przycisk **Graph**, aby wyświetlić wykres. Wykres, który pojawi się na Twoim ekranie powinien być taki sam jak poniższy.

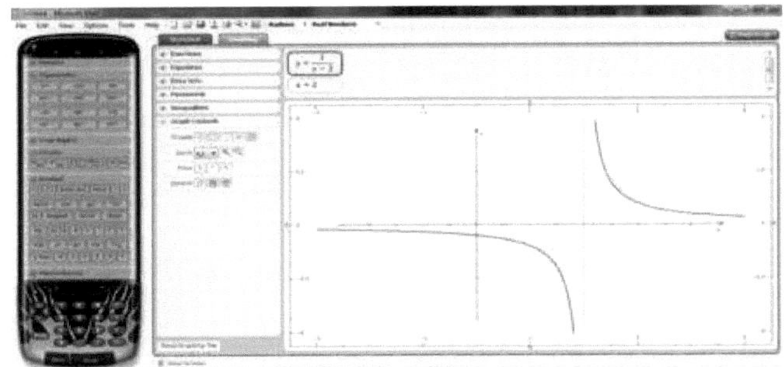

2. Wykonaj polecenie **Trace**, aby przesunąć kursor wzdłuż wykresu.

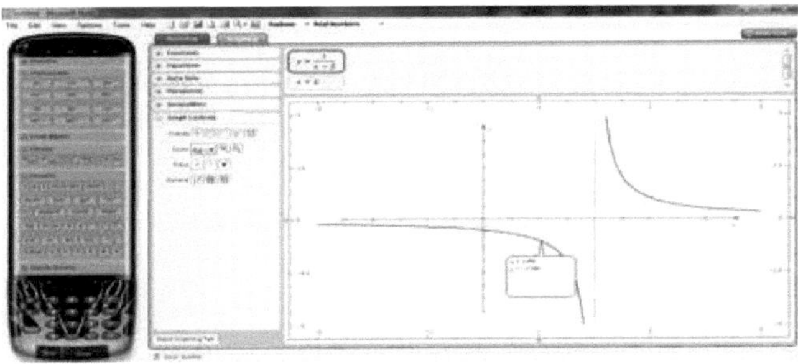

Pytania przewodnikowe:

1. Opisać wykres funkcji?

____

____

____

____

2. Co się dzieje z wykresem $f(x)$ x kiedy zbliża się do 2 od lewej?

___

___

3. Co się stanie, gdy zbliżysz x się do x 2 od prawej?

_

_

4. Czy wykres funkcji zachowuje się tak samo jak x podejście 2 z lewej i prawej strony?

–

–

5. Co wykres mówi o granicy $f(x)$ jak zbliża się 2? x

–

–

☞ Podejście numeryczne

Utwórz tabelę wartości klikając przycisk **Utwórz tabelę.** Zmień minimalne i maksymalne wartości x odpowiednio o 1,9 i 2,1, a następnie kliknij **OK**.

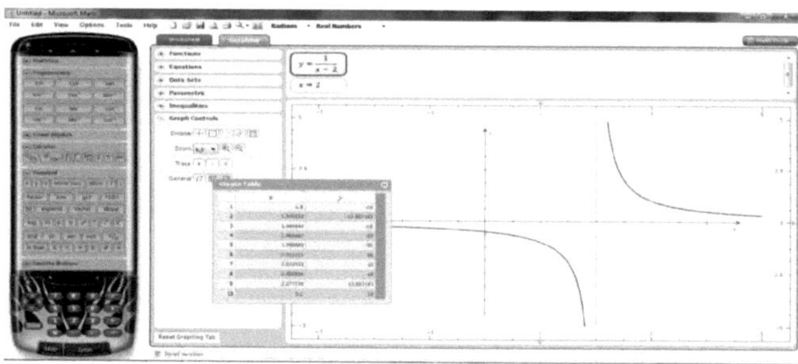

Pytania przewodnikowe:

1. Co dzieje się z wartościami funkcji, gdy zbliżamy się do x 2 od lewej?

–

–

2. Jak zachowuje się funkcja jak x podejście 2 od prawej?

—

–

3. Jaką wartość przybliża się funkcja jako podejście x 2 od lewej?

—

4. Jakie są wartości podejścia funkcjonalnego jako podejście x 2 od prawej?

—

5. Co mówi tabela wartości o limicie funkcji w miarę zbliżania się 2? x

–

–

☞ Podejście analityczne

Kliknij **zakładkę Arkusz pracy. Za** pomocą **panelu kalkulatora** wpisz, $\lim_{x \to 2} \frac{1}{x-2}$ a następnie kliknij przycisk **Enter.**

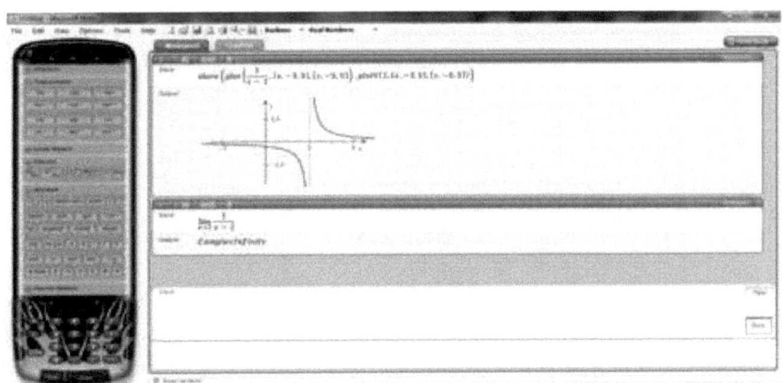

Pytania przewodnikowe:

1. Co wynik mówi ci o $\lim_{x \to 2} \frac{1}{x-2}$?

____

2. Co dzieje się z mianownikiem, $x-2$ x gdy zbliża się do 2 z każdej strony?

–

–

3. Na podstawie pańskiego dochodzenia, kiedy spodziewamy się nieskończonego limitu?

Kluczowa koncepcja

Twierdzenie: i $\lim\limits_{x\to 0^-} \frac{1}{x} = -\infty$ $\lim\limits_{x\to 0^+} \frac{1}{x} = +\infty$

☞ Aby istniała taka granica, muszą być spełnione trzy kryteria.

$\lim\limits_{x\to a} f(x) = L$ *if*

1. $\lim\limits_{x\to a^+} f(x)$ Istnieje
2. $\lim\limits_{x\to a^-} f(x)$ Istnieje
3. $\lim\limits_{x\to a^+} f(x) = \lim\limits_{x\to a^-} f(x) = L$

Self-Test

A. Przestudiuj wykres i odpowiedz na pytania:

1. $\lim\limits_{x\to 0} f(x) =$ __________
2. $\lim\limits_{x\to 1} f(x) =$ __________
3. $\lim\limits_{x\to 1^-} f(x) =$ __________
4. $\lim\limits_{x\to 2^-} f(x) =$ __________

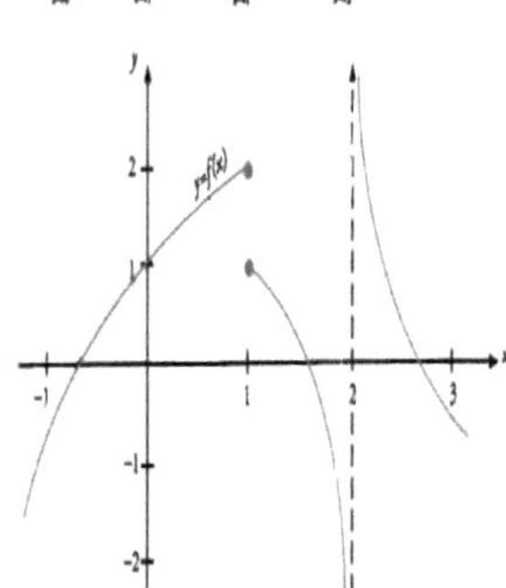

B. Oceń następujące limity: 1. $\lim\limits_{x\to \frac{1}{2}} \frac{1}{(2x-1)^2} =$ ________

2. $\lim\limits_{t\to -1} \frac{t^2+t-2}{t^2-1} =$ ________

Ocena

Ocenić następujące limity:

1. $\lim_{x\to 2^-} \frac{x+3}{x-2} =$ ____________________

2. $\lim_{x\to 0^+} \left(\frac{1}{x^2} - \frac{1}{x^3}\right) =$ ____________________

3. $\lim_{x\to 1^+} \frac{x^2+x-2}{x^2-1} =$ ____________________

4. $\lim_{x\to 3^+} \left(\frac{x+3}{x^2-9}\right) =$ ____________________

5. $\lim_{x\to 2^-} \sqrt[3]{\frac{x-2}{x^2-3x+2}} =$ ____________________

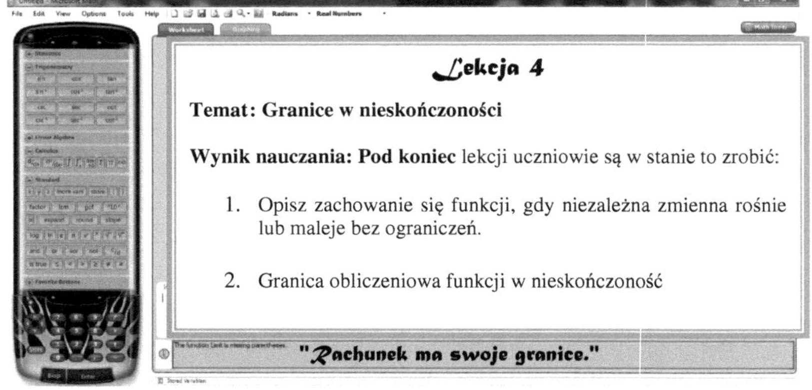

Działanie 1

W tym ćwiczeniu zbadasz zachowanie i granice funkcji w nieskończoność.

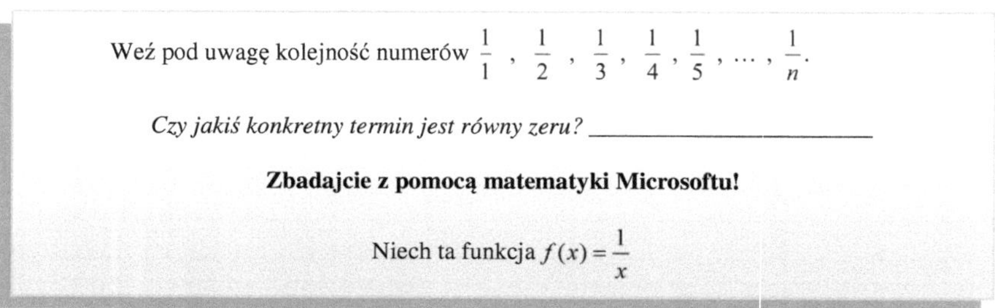

Weź pod uwagę kolejność numerów $\frac{1}{1}, \frac{1}{2}, \frac{1}{3}, \frac{1}{4}, \frac{1}{5}, \ldots, \frac{1}{n}$.

Czy jakiś konkretny termin jest równy zeru? ______________________

Zbadajcie z pomocą matematyki Microsoftu!

Niech ta funkcja $f(x) = \frac{1}{x}$

☞ Podejście graficzne

Wyświetl wykres za pomocą **zakładki Graphing**, wpisując "$\frac{1}{x}$" w okienku wprowadzania danych, a następnie naciśnij **Enter.** Aktywuj polecenie **Śledź** i obserwuj zachowanie się $f(x)$, gdy jest coraz większe x i większe, a gdy coraz mniejsze x i mniejsze. Proszę spojrzeć na strzałkę.

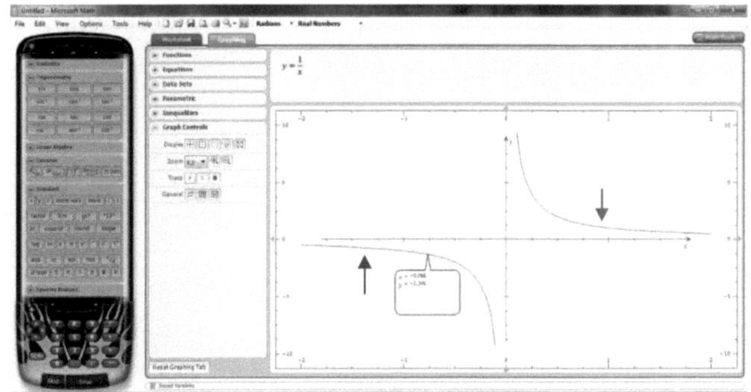

Pytania przewodnikowe:

1. Opisać wykres funkcji.

____

_____ ___________

____

_____ ___________

2. W jaki sposób punkty na wykresie zachowują $f(x)$ się tak, jak zakładają skrajne x lewo od 0?

____

____

____

____

3. Co z tym, kiedy x zakłada się skrajną prawicę 0?

____

____

____

_____

4. Ogólnie rzecz biorąc, co można powiedzieć o zachowaniu się wykresu jako $f(x)$ x wzrosty lub spadki bez ograniczeń?

☞ Podejście numeryczne

Kliknij na **Utwórz tabelę** pod poleceniem **Ogólne** aby wygenerować tabelę wartości. Niech wartość wynosi x od -10 do 10, a liczba punktów do wykresu wynosi 21. Następnie kliknij **OK.** Zbadać wartości funkcji jako x zwiększające lub zmniejszające się bez ograniczeń *(tzn. stają się* $x \pm \infty$*).*

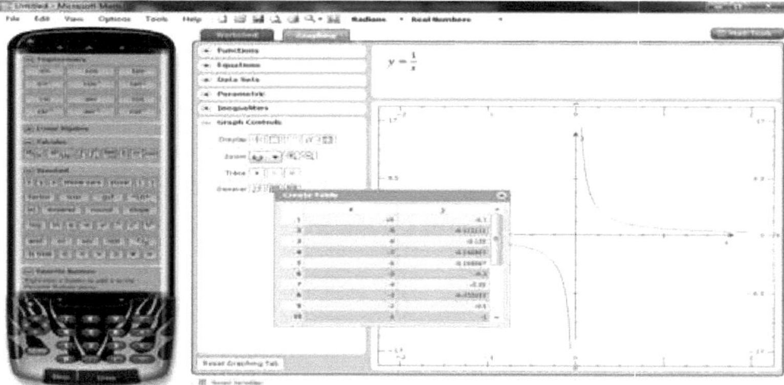

Pytania przewodnikowe:

1. Co dzieje się z wartościami funkcji, jeśli chodzi o x ujemną nieskończoność?

____

____

2. Czy wartości funkcji zachowują się tak samo jak w punkcie (1), gdy przechodzą x do nieskończoności dodatniej?

____

3. Do jakiej wartości zbliża się funkcja $f(x)$, która x staje się nieskończenie ujemna?

4. Co z tego, że kiedy x staje się nieskończenie pozytywny?

5. Więc, co można powiedzieć o wartości funkcji, która ma tendencję do $x \pm \infty$?

☞ Podejście analityczne

Kliknij **zakładkę Arkusz pracy** i wpisz $\lim\limits_{x \to -\infty} \frac{1}{x}$ na **pasku wprowadzania za** pomocą ikon na **panelu kalkulatora,** a następnie kliknij przycisk **Enter.** Powtórzyć za $x \to +\infty$ i $x \to \infty$.

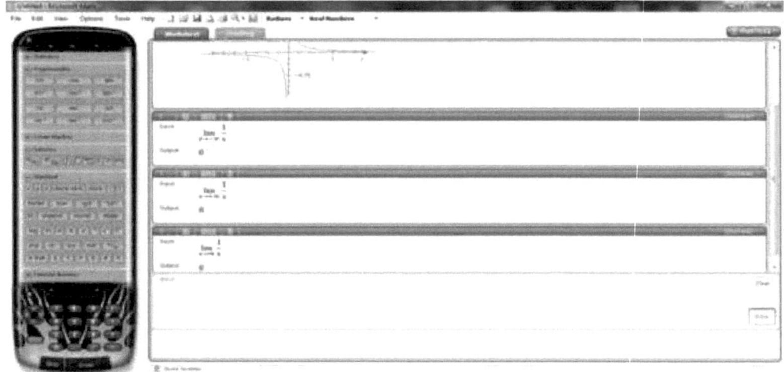

Pytania przewodnikowe:

1. Co to jest $\lim\limits_{x \to -\infty} \frac{1}{x}$?

____

____

2. Co to jest $\lim\limits_{x \to +\infty} \frac{1}{x}$?

____

____

3. Co to jest $\lim\limits_{x \to \infty} \frac{1}{x}$?

____

____

4. Na podstawie wyników przedyskutujcie, co to znaczy $\lim\limits_{x \to \infty} \frac{1}{x}$.

____

____

____

____

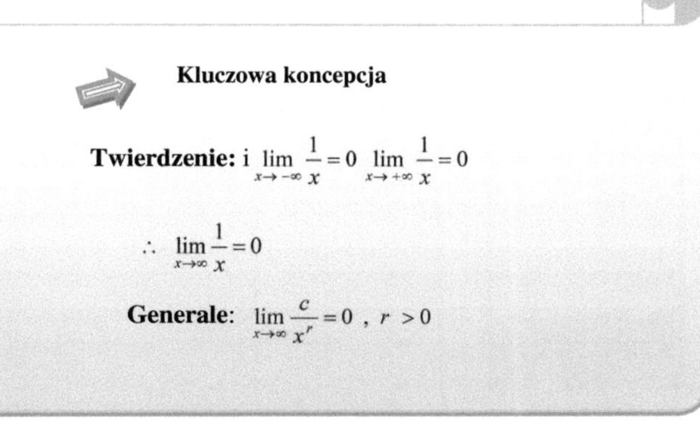

Kluczowa koncepcja

Twierdzenie: i $\lim_{x\to-\infty}\frac{1}{x}=0$ $\lim_{x\to+\infty}\frac{1}{x}=0$

$\therefore\ \lim_{x\to\infty}\frac{1}{x}=0$

Generale: $\lim_{x\to\infty}\frac{c}{x^r}=0\ ,\ r>0$

Działanie 2

Rozwiązywanie ograniczeń w nieskończoności

Biorąc pod uwagę funkcję $f(x)=\frac{2x}{x+1}$. Znajdź granicę funkcji w miarę x zbliżania się ∞

☞ Podejście graficzne

Wyświetlenie wykresu danej funkcji poprzez wpisanie $\frac{2x}{x+1}$ " " w okienku wejściowym. Dostosuj format wyświetlania, aby uzyskać lepszy obraz. W tym przypadku należy zmienić zakres x wartości od -30 *to* 30 *i* -4 *to* 4 dla *y*. Wykres został przedstawiony poniżej.

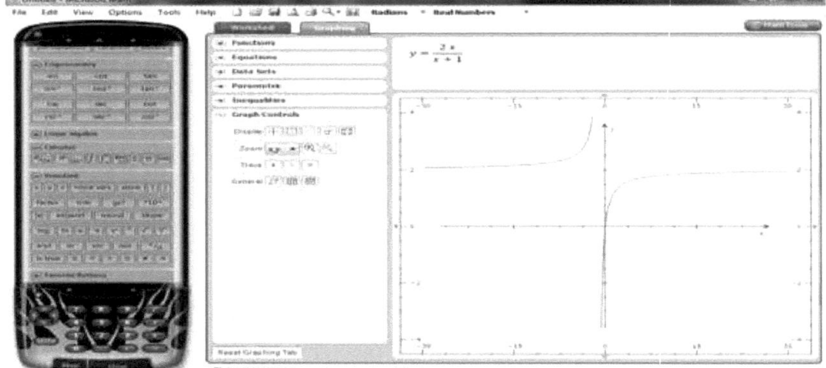

Pytania przewodnikowe:

1. Jak opisałbyś wykres funkcji?

____

____

2. Co się dzieje z punktami na wykresie, które x przesuwają się na skrajną lewą stronę od 0?

____

____

_____ ___________

3. x A co z przesunięciem się na skrajną prawicę 0?

____

____

4. Czy wykres funkcji przesuwa się w kierunku tej samej wartości?

____

☞ Podejście numeryczne

Tworzenie tabeli wartości przy użyciu ikony **Utwórz tabelę.** Wprowadź zakres x wartości (minimum=30 i maksimum=30) oraz liczbę punktów do wykresu, która wynosi 61. Następnie kliknij przycisk **Enter.** Teraz należy zbadać wartości funkcji jako wzrost x lub spadek bez ograniczeń.

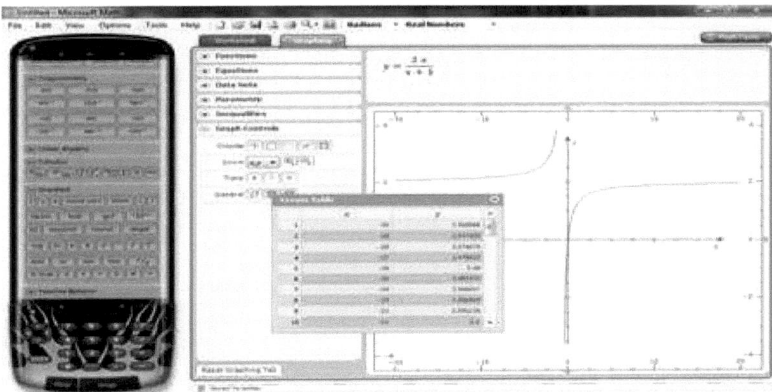

Pytania przewodnikowe:

1. Jak zachowują się wartości funkcji, które mają x tendencję do ujemnej nieskończoności?

____

____

2. A może kiedy x ma tendencję do pozytywnej nieskończoności?

____

____

3. Do jakiej wartości zbliża się funkcja, gdy x staje się nieskończenie ujemna?

____

_____ __________

4. Czy wartość zbliżająca się do funkcji jest taka sama, gdy x staje się nieskończenie dodatnia?

____

______ ______________

5. Generalnie, co można powiedzieć o zachowaniu się funkcji, gdy x staje się nieskończona?

____

__ ______________

____

______ ______________

____

______ ______________

☞ Podejście analityczne

W **zakładce Arkusz pracy,** znajdź limit funkcji za pomocą **ikon** w **panelu kalkulatora.**

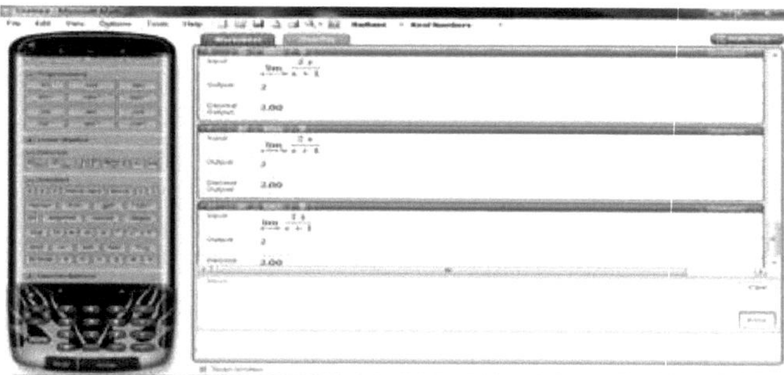

Pytania przewodnikowe:

1. Co to jest $\lim_{x \to -\infty} \frac{2x}{x+1}$?

____

______________ ________

2. Co to jest $\lim\limits_{x \to +\infty} \frac{2x}{x+1}$?

3. Co to jest $\lim\limits_{x \to \infty} \frac{2x}{x+1}$?

4. Patrząc wstecz na daną funkcję racjonalną, co można powiedzieć o stopniu licznika i mianownika?

5. A co ze stosunkiem współczynnika liczbowego x w liczniku i mianowniku?

6. Czy na podstawie odpowiedzi na pytanie 4 i 5, ma Pan(i) teraz pojęcie, w jaki sposób uzyskano wartość danego limitu?

7. Jeśli zostaniesz poproszony o algebraiczne znalezienie limitu danej funkcji, to jakiej strategii będziesz używał?

Dalsze poszukiwania

$f(x) = \frac{x+2}{x^2+x-1}$ Poniżej przedstawiono wykres funkcji. Dokładnie przestudiuj wykres i odpowiedz na pytania przewodnika:

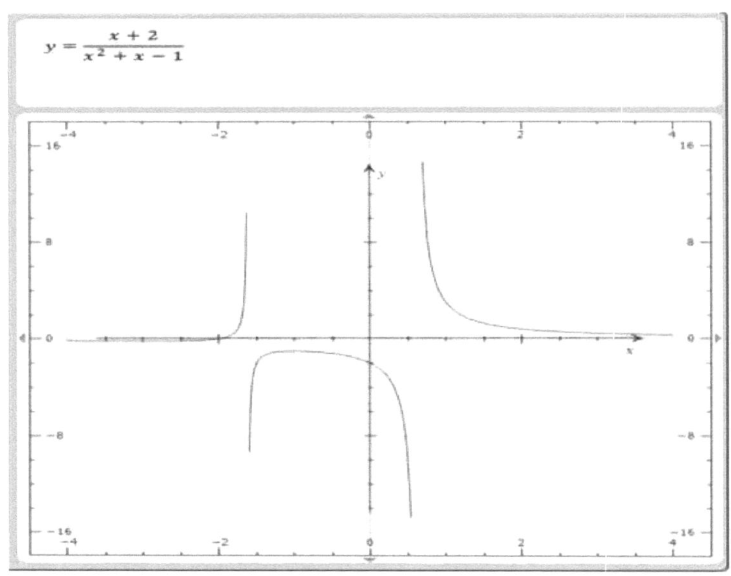

Pytania przewodnikowe:

1. Jak zachowują się wartości funkcji, które mają x tendencję do ujemnej nieskończoności?

2. A może kiedy x ma tendencję do pozytywnej nieskończoności?

3. Do jakiej wartości zbliża się funkcja, gdy x staje się nieskończenie ujemna?

4. Czy podejście do wartości przez funkcję jest takie samo, gdy x staje się nieskończenie pozytywne?

5. Co można powiedzieć o zachowaniu się funkcji, gdy x staje się nieskończona?

____

____

6. Co to jest $\lim_{x \to \pm\infty} \frac{x+2}{x^2+x-1}$?

____

7. Co można zauważyć o stopniu licznika i mianowniku funkcji?

Czy istnieje związek pomiędzy stopniem danej funkcji a jej granicą?

____

Teraz, załóżmy, że odwrócimy tę funkcję. To znaczy, $f(x) = \frac{x^2+x-1}{x+2}$ którego wykres przedstawiono poniżej. Przyjrzyj się uważnie wykresowi i odpowiedz na pytania przewodnika.

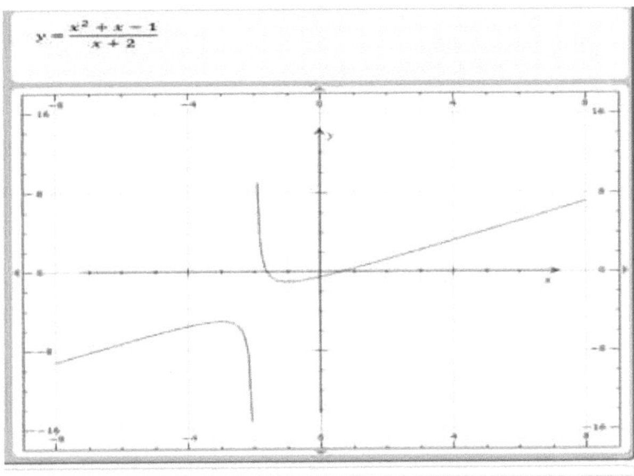

Pytania przewodnikowe:

1. Co się dzieje z wykresem funkcji w miarę powiększania x się?

____

____

A co z tym, kiedy x się zmniejszy?

____

Co można powiedzieć o wartości, do której funkcja x zbliża się do nieskończoności ujemnej?

Jaką wartość ma funkcja, gdy x zbliża się do nieskończoności dodatniej?

____

5. Co to jest $\lim_{x\to -\infty} \frac{x^2+x-1}{x+2}$?

____

6. Find $\lim_{x\to +\infty} \frac{x^2+x-1}{x+2}$?

____

7. Jaka jest granica funkcji w odniesieniu do stopnia licznika i mianownika funkcji?

____

_____ __________

____

_____ __________

Kluczowa koncepcja

Aby znaleźć granicę racjonalnej funkcji, $f(x)=\frac{N(x)}{D(x)}=\frac{\infty}{\infty}$ kiedy $x=\infty$,

podzielić zarówno licznik i mianownik przez najwyższą moc x występującą w mianowniku. Następnie należy zastosować koncepcję Nieskończonych Granic.

Albo sprawdź stopień licznika i mianownika i zanotuj, co następuje:

i. Jeśli deg $N(x)=$ deg $D(x)$, to $\lim\limits_{x\to\infty} f(x)=\frac{a}{b}$.

ii. Jeśli deg $N(x)<$ deg $D(x)$, to $\lim\limits_{x\to\infty} f(x)=0$.

iii. Jeśli deg $N(x)>$ deg $D(x)$, to $\lim\limits_{x\to\infty} f(x)=\pm\infty$.

Self-Test

A. Zbadajcie granicę $f(x) = \dfrac{x + \sqrt{x^2 + 1}}{2x + 3}$ *as* $x \to \infty$.

1. Jak opisać wykres funkcji?

____

____

2. Co dzieje się z wartościami funkcji, które x stają się nieskończone?

____

____

3. Co to jest $\lim\limits_{x \to \infty} \dfrac{x + \sqrt{x^2 + 1}}{2x + 3}$?

____ _____

B. Przy użyciu technik algebraicznych obliczyć następujące limity.

1) $\lim\limits_{x \to \infty} \dfrac{2x^2 + 3}{x^2 - 5x - 1}$?

2) $\lim\limits_{x \to \infty} \dfrac{3x^3 + 2}{x^4 + 3x - 1}$.

3) $\lim\limits_{x \to -\infty} \sqrt[3]{\dfrac{x^2 + 3}{8x^2 - 1}}$.

Ocena

Oceń algebraicznie następujące granice.

1. $\lim\limits_{x\to\infty}\frac{3x^2+3}{5x^2+7x-39}=$____________

2. $\lim\limits_{x\to-\infty}\sqrt[3]{\frac{x+3}{27x+1}}=$________________

3. $\lim\limits_{x\to\infty}\frac{x^3+2x^2-5x+3}{x^2-3x+1}=$__________

4. $\lim\limits_{x\to\infty}\frac{(x+2)^3-(x-2)^3}{x}=$_________

5. $\lim\limits_{x\to-\infty}\frac{x-2}{\sqrt{x^2+1}}=$________________

Kierunki: Rozwiązanie każdego z 17 problemów dotyczących limitów:

			MATCHING	
______	1.	$\lim_{x\to\infty} \frac{6-7x}{x+3}$	Żadna z odpowiedzi poniżej:	GDZIE
______	2.	$\lim_{x\to 5} 4$	4x	ORAZ
______	3.	$\lim_{x\to 1} \frac{x^2-1}{x-1}$	$\frac{3}{a}$	BE
______	4.	$\lim_{x\to 0} \frac{x^2+3x}{x}$	-11	WATCH
______	5.	$\lim_{x\to -2} \frac{x^3+8}{x+2}$	-9	TRZY:
______	6.	$\lim_{x\to a} \frac{3}{x}$	-7	GRUPY
______	7.	$\lim_{x\to\infty} \frac{1}{x^2}$	-6	LUDZIE
______	8.	$\lim_{x\to 2} \frac{1}{(x-2)^2}$	-1	WATCHES
______	9.	$\lim_{x\to\infty} \left(-6-\frac{3}{x^2}\right)$	0	SZCZEGÓŁOWANY
______	10.	$\lim_{x\to 0} \frac{8x-8}{x-1}$	2	MAKE
______	11.	$\lim_{h\to 0} \frac{f(x+h)-f(x)}{h}$ jeśli $f(x)=2x^2$	3	RZECZYWA

________	12.	$\lim_{x\to\infty}\frac{7x-7}{x-1}$	4	TYM
________	13.	$\lim_{x\to -3}\frac{x^3+27}{x+3}$	5	CO
________	14.	$\lim_{x\to 1}\frac{5x-5}{x-1}$	6	CAN
________	15.	$\lim_{x\to 1}\frac{5x^2+x}{x}$	7	ROZDZIELONY
________	16.	$\lim_{x\to -1}\left(-2x^2+5x-2)\right)$	8	HAPPEN
________	17.	$\lim_{x\to -4}\frac{3x^2+13x+4}{x+4}$	12	WONDER
			27	INTO
			35	WHY
			∞	WHO

Teraz zdekoduj sekretną wiadomość, umieszczając odpowiednie słowo dla każdego numeru problemu w pustych miejscach poniżej:

_ 9	_ 15	_ 6	12	13	_ 16	_: 1
2	8	_ 3	_ 4	_ 10		
_ 2	_ 8	_ 17	4	10		
_ 11	_ 2	_ 8	5	14	7	

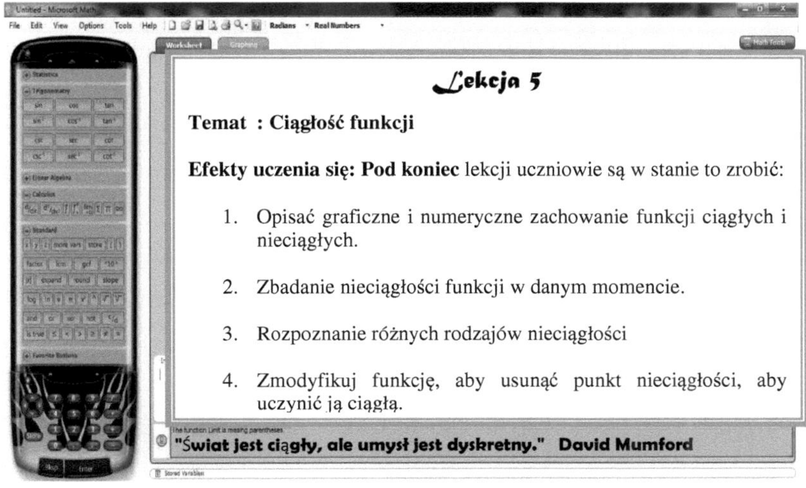

Działalność

W tym ćwiczeniu będziesz badał ciągłość funkcji przy użyciu nieformalnych i formalnych definicji. Matematyka Microsoftu służy do wizualizacji zarówno funkcji ciągłych, jak i nieciągłych oraz do tworzenia wykresów funkcji fragmentarycznych. Będziesz również badał ciągłość funkcji poprzez podejście analityczne. Ponadto dowiesz się, jak na nowo zdefiniować funkcję, aby usunąć punkt nieciągłości.

Uwzględnić funkcję wielomianu $f(x) = \frac{x^3}{3} + \frac{x^2}{2} - 2x - 1$. Ustalić, czy funkcja jest ciągła przy $x = 0$.

Ruszajmy!

☞ Podejście graficzne

Krok 1 W **zakładce Wykresy wprowadź** funkcję "$\frac{x^3}{3} + \frac{x^2}{2} - 2x - 1$" w wyskakującym oknie dialogowym za pomocą **panelu kalkulatora** lub **klawiatury,** a następnie kliknij przycisk **Enter. Wyświetlenie wykresu** funkcji poprzez kliknięcie menu **Graph.**

Dostosuj format wykresu, zmieniając zakres wykresu na -8 do 8 dla obu zmiennych i x $y$aby mieć dobry widok wykresu, a następnie kliknij przycisk **Enter**. Pokaż siatkę, klikając na ikonę **Siatka** w menu **Wyświetlanie.** Wykres, który pojawi się na Twoim ekranie powinien być taki jak poniżej.

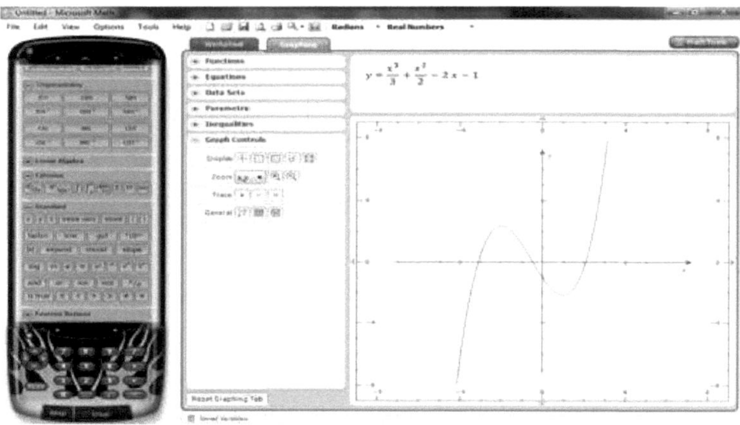

Pytania przewodnikowe:

1. Opisać wykres funkcji.

____

____

____

____

2. Czy na wykresie funkcji jest jakaś luka lub przerwa?

-

____

____

Etap 2 Aktywuj polecenie Śledź, aby przesuwać kursor po krzywej i obserwować zachowanie punktów na krzywej.

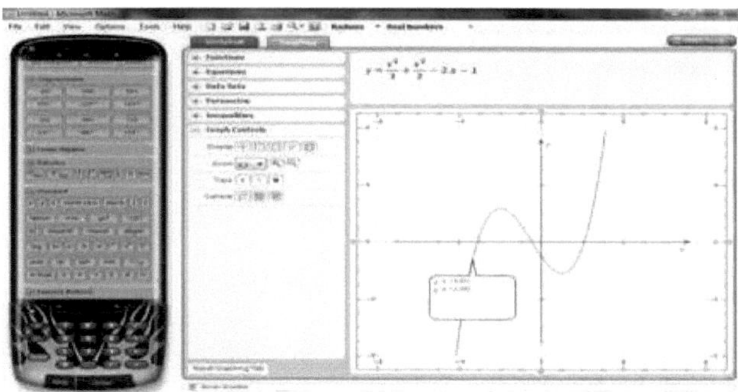

3. Jak zachowuje się wykres funkcji, gdy zbliża x się do 0 od lewej?

4. A kiedy zbliży x się do 0 od prawej?

5. Co można wnioskować o zachowaniu się wykresu funkcji jako zbliżonego x do 0 z obu stron?

☞ Podejście numeryczne

Wygeneruj tabelę wartości klikając na polecenie **Utwórz tabelę.** W x wartości tej należy wprowadzić odpowiednio -0,01 i 0,01 jako wartość minimalną i maksymalną oraz 11 dla liczby punktów do wykreślenia. Następnie kliknij **OK**.

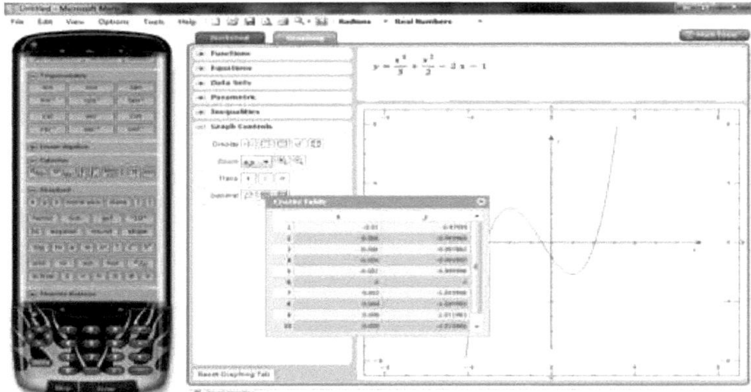

Pytania przewodnikowe:

1. Patrząc na tabelę wartości funkcji, jest to funkcja zdefiniowana na $x=0$?

___

2. Jak zachowują się wartości funkcji, gdy x od lewej strony zbliża się 0?

___

3. Co dzieje się z wartościami funkcji, gdy zbliża się do x 0 od prawej?

___

4. Jakie są wartości podejścia funkcjonalnego w przypadku podejścia x 0 od lewej strony?

___

5. Jaką wartość przybliża się funkcja jako x 0 od prawej?

___

6. Czy granica danej funkcji istnieje na $x=0$?

___

7. Porównując wyniki uzyskane w (4) i (5) z (1), czy są one równe?

___

☞ Podejście analityczne

W **zakładce Arkusz pracy należy** określić, czy funkcja jest zdefiniowana w momencie $x=0$. *W tym celu należy kliknąć na* przycisk **Store** w **panelu kalkulatora** i wprowadzić "$0 \to x$", a następnie kliknąć **Enter**. Następnie na **pasku wprowadzania należy** wpisać funkcję, $\frac{x^3}{3}+\frac{x^2}{2}-2x-1$ a następnie kliknąć przycisk **Enter**.

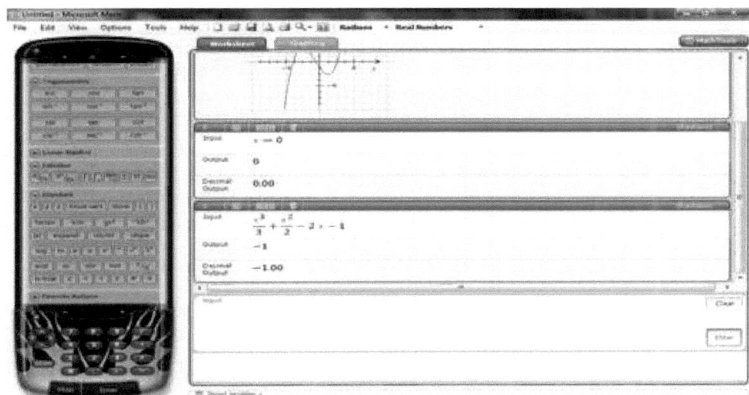

Pytania przewodnikowe:

1. Jaka jest wartość funkcji w $x=0$?

____

2. W tym samym oknie podglądu należy obliczyć limit funkcji jako zbliżony x do 0. *(Uwaga: Zmienna zapisana w pamięci powinna być najpierw wyczyszczona po kliknięciu na pole na dole)*

____

3. Porównując wyniki w (1) i (2), co można powiedzieć o wartości funkcji i jej granicy?

____

Na podstawie graficznego i numerycznego zachowania się funkcji, a także wartości uzyskanej przy zastosowaniu podejścia analitycznego, co można wnioskować o danej funkcji?

Dalsze poszukiwania

.

Załóżmy, że dostaniemy funkcję Piecewise

$$f(x)=\begin{cases}-x & -\infty<x\leq 0\\ -x^2+2x & 0\leq x\leq 2\\ (x-2)^3 & 2\leq x<\infty\end{cases}$$

Zbadaj, czy funkcja jest ciągła przy x=0 i 2

☞ **Podejście graficzne**

Wykres funkcji Piecewise. Faktycznie, istnieją trzy funkcje zdefiniowane w trzech subdomenach. Wprowadź każdą funkcję w wyskakującym oknie dialogowym, a następnie kliknij przycisk **Enter.** **Wyświetlić** wykres, klikając menu **Graph.** Dostosuj format wykresu, zmieniając zakres wykresu na -8 i 8 dla zmiennych i x y aby mieć dobry widok wykresu, a następnie kliknij przycisk **Enter**. Wykres został przedstawiony poniżej.

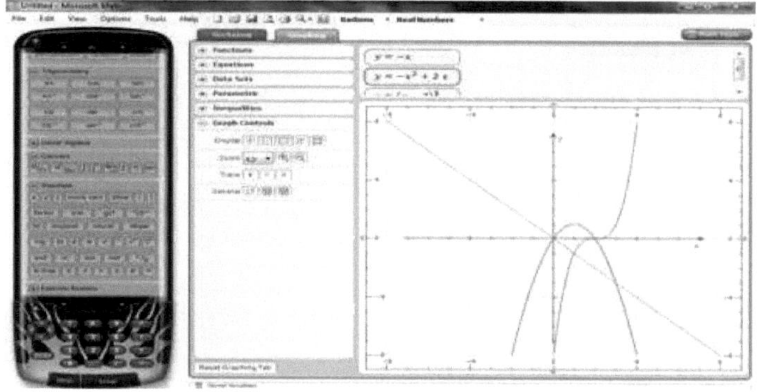

Zauważ, że ten wykres nie jest prawdziwym wykresem, którego szukamy biorąc pod uwagę domeny funkcji fragmentarycznych $(-\infty,0]$, $[0,2]$ i $[2,\infty)$. Aby uzyskać rozsądny i czytelny wykres takiej funkcji, bierzemy pod uwagę jej odpowiednią poddomenę, a co za tym idzie jej podzakres. W tym celu kliknij dwukrotnie okienko **wprowadzania na zakładce Arkusz pracy**, a następnie zmodyfikuj zakres drukowania przy użyciu domen poszczególnych elementów. Następnie kliknij przycisk **Enter**

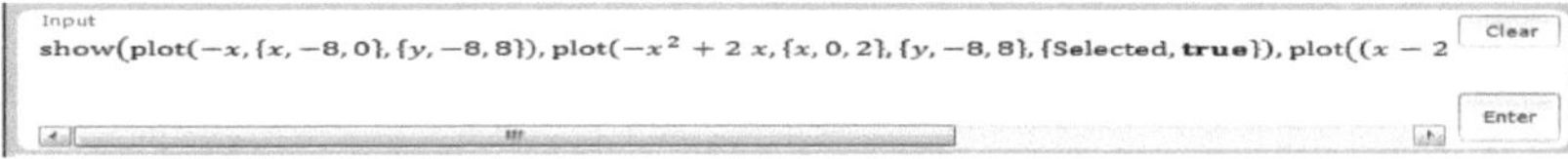

Wykres, który pojawi się na twoim ekranie powinien być taki sam, jak ten poniżej.

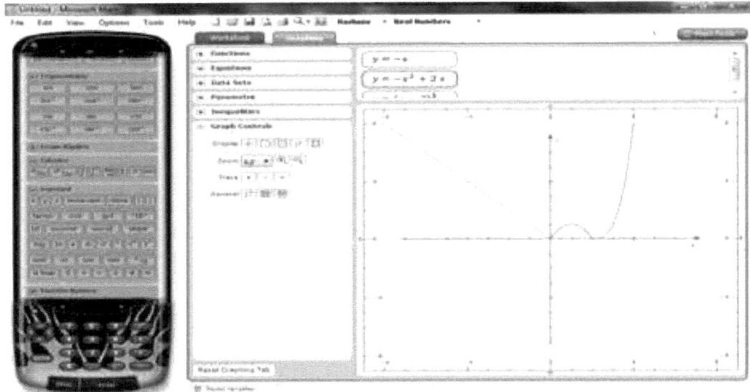

Pytania przewodnikowe:

1. Opisać wykres funkcji fragmentarycznej $f(x)$.

____

______ ____________

____

______ ____________

____

______ ____________

2.Czy na wykresie jest jakaś luka lub złamanie?

____

3. Czy można prześledzić krzywą bez podnoszenia długopisu z papieru?

____

4. Więc co możesz powiedzieć o wykresie, czy jest on ciągły, czy nie?

____

5. Spójrzcie uważnie na wykres, co to jest

$f(0)$?

(a)____

–

$f(2)$?

(b)____

6. Jaka jest granica zbliżania $f(x)$ x się do 0 od lewej?

____

7. A co z granicą $f(x)$ x jak zbliża się do 0 od prawej?

____

8. Czy limity na lewą i prawą rękę są równe?

____

9. Więc co można powiedzieć o granicy jako $f(x)$ x podejście 0, czy ona istnieje?

____

10. Porównaj wyniki w (5a) i (10), co możesz powiedzieć o wartości funkcji na $x=0$ i jej granicy jako zbliżonej x do 0?

____

____

11. Jaka jest granica $f(x)$ x podejścia 2 od lewej?

____

12. Co z granicą $f(x)$ x podejścia 2 od prawej?

____

13. Czy wartości uzyskane w punktach (11) i (12) są równe?

____

14. Czy istnieje granica tak jak $f(x)$ x podejście 2?

15.Co zauważyłeś o wartości funkcji na $x=2$i jej granicy jako zbliżonej do x2?

16.Na podstawie wyników, czy funkcja jest ciągła na $x=0$i $x=2$? Wyjaśnij

 luczowa koncepcja

Nieformalna definicja

Funkcja jest **ciągła**, jeśli można naszkicować jej wykres bez zdejmowania ołówka z papieru.

Definicja formalna

Funkcja $f(x)$ jest ciągła, jeśli to $x=a$ $\lim_{x\to a} f(x)=f(a)$ jest, jeśli każdy z poniższych warunków jest spełniony:

i) $f(a)$ jest zdefiniowane (a jest zawarte w domenie f)

ii) $\lim_{x\to a} f(x)=L$ istnieje

Uwaga: W przypadku funkcji warunkowej, limity lewy i prawy powinny być równe, aby limit istniał.

iii) $\lim_{x\to a} f(x)=f(a)=L$

Jeśli którykolwiek z tych warunków nie jest spełniony, mówi się, że przestaje być spełniany $f(x)$ na $x=a$

Rodzaje nieciągłości

Zdejmowalne Nieciągłości

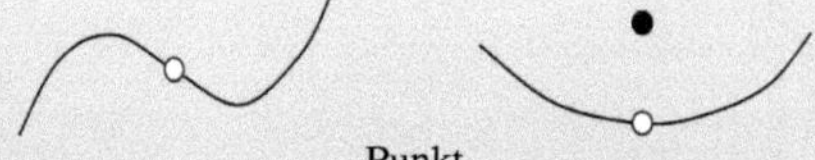

Punkt

Istotne nieciągłości

Skok Nieskończeni e oscylujący

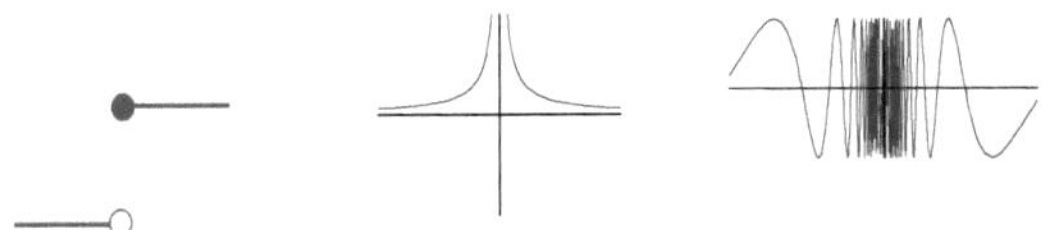

Self-Test

1. Wykres funkcji $f(x)=\begin{cases} 4-x^2 &, x\le 1 \\ x^2+2 &, x>1 \end{cases}$ i odpowiedź na następujące pytania:

   a) Czy funkcja jest zdefiniowana na $x=1$?
   b) Jaka jest granica od $f(x)$ $x\to 1$ lewej?
   c) A kiedy $x\to 1$z prawej?
   d) Czy granica $f(x)$ istnieje na $x=1$? Wyjaśnij
   e) Co można powiedzieć o zachowaniu się funkcji w $x=1$, czy jest ona ciągła czy nie? Dlaczego?

2. Poniższe trzy wykresy są nieciągłe. Wyjaśnij, co sprawia, że każdy wykres jest nieciągły *(pod względem trzech warunków* ciągłości) i określ rodzaj nieciągłości. Czy którakolwiek z trzech nieciągłych funkcji może stać się funkcją ciągłą? Jeśli tak, to jak?

$$f(x)\begin{cases} x & \text{if } x\neq 2 \\ 4 & \text{if } x=2 \end{cases}$$

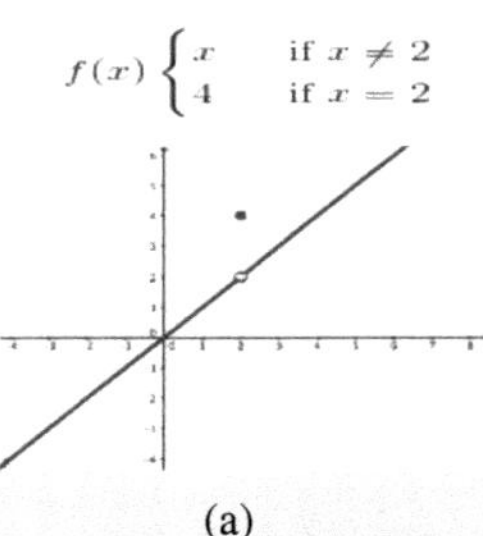

(a)

$$f(x)\begin{cases} x^2 & \text{if } x\le 2 \\ 5 & \text{if } x>2 \end{cases}$$

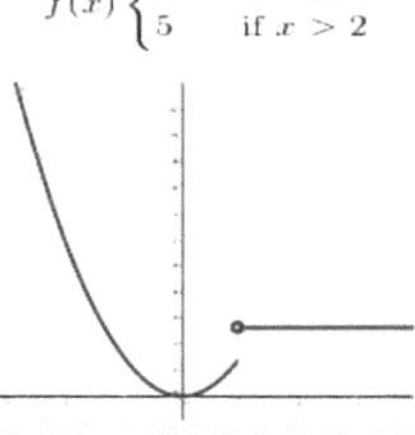

(b)

$$f(x)=\frac{1}{x-2}$$

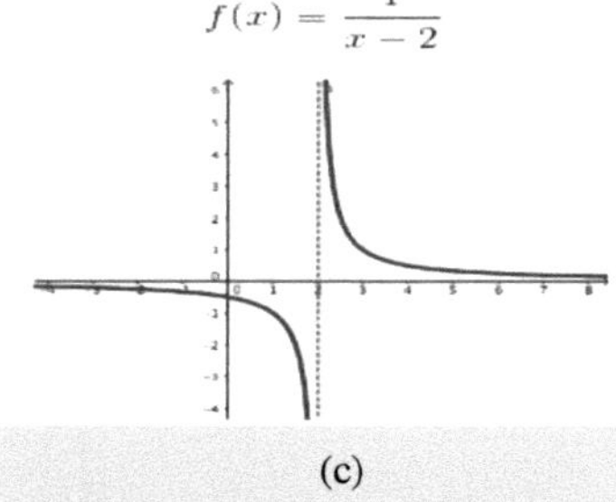

(c)

Ocena

1. Ustalić, czy następujące funkcje są w danym punkcie ciągłe.

a. $f(x)=\begin{cases} \dfrac{x-6}{x-3} & , x<0 \\ 2 & , x=0 \\ \sqrt{4+x^2} & , x>0 \end{cases}$

b. $g(x)=\begin{cases} \dfrac{1}{x+3} & , \quad x<-1 \\ x^2+3 & , -1\leq x<2 \\ -x+9 & , \quad x\geq 2 \end{cases}$

2. Niech $h(x)=\begin{cases} 3x^2-1 & , \quad x<0 \\ cx+d & , 0\leq x\leq 1 \\ \sqrt{x+8} & , \quad x>1 \end{cases}$ Na jaką wartość i c będzie d $h(x)$ ciągły?

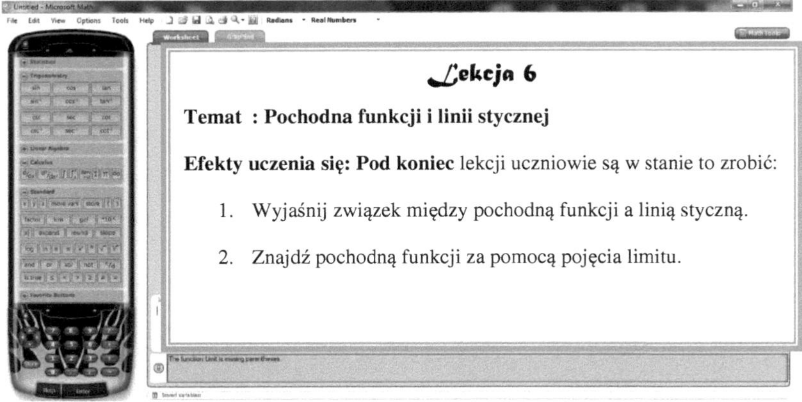

Rozważmy funkcję ciągłą $y = f(x)$, której wykres przedstawiono na rysunku poniżej. Niech P i Q będą to dwa odrębne punkty krzywej, które wyznaczają linię oddzielającą $\overleftrightarrow{PQ}$. Reprezentując punkt przez P i $(x, f(x))$ przez Q $(x+\Delta x, f(x+\Delta x))$, otrzymujemy nachylenie jak $\overleftrightarrow{PQ}$

$$m_{\overleftrightarrow{PQ}} = \frac{f(x+\Delta x)-f(x)}{(x+\Delta x)-x} = \frac{f(x+\Delta x)-f(x)}{\Delta x} \quad \textit{(Współczynnik różnicy)}$$

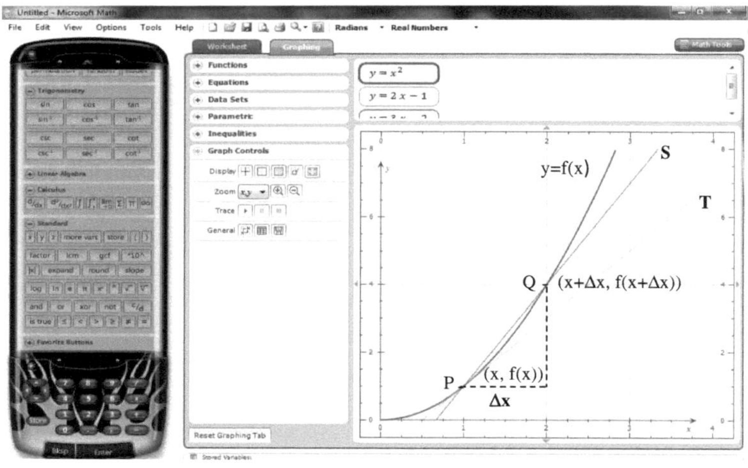

Pytania przewodnikowe: Dokładnie przestudiuj tę postać i odpowiedz na poniższe pytania:

1. Jeśli punkt Qzostanie przesunięty w kierunku punktu Pwzdłuż wykresu P $y = f(x)$, co stanie się z wartościąΔx?

2. Co się stanie z linią sieczną, jeśli punkt Q zostanie przesunięty w kierunku punktu P wzdłuż wykresu $y = f(x)$?

3. Co dzieje się z nachyleniem linii sekwencyjnej, jeśli punkt Q pokrywa się z punktem P?

4. Co można powiedzieć o wartości granicznej nachylenia linii sekwencyjnej w miarę zbliżania sięQ P?

5. Jak można by wyrazić nachylenie stycznej symbolicznie jako granicę nachylenia linii sekwencyjnej?

6. Jaką zależność można wnioskować o pochodnej funkcji i nachyleniu linii stycznej?

Przyjrzyj się uważnie wykresowi funkcji $y = f(x)$ i dwóm różnym punktom oraz P krzywej ze współrzędnymi $(a, f(a))$ i $(x, f(x))$ odpowiednio.

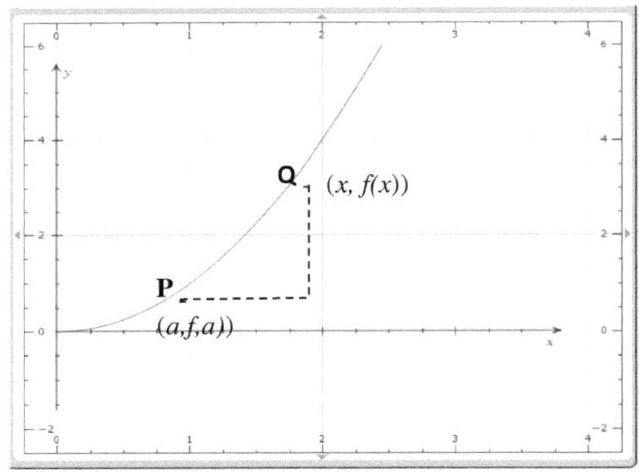

Pytania przewodnikowe:

1. Jakie jest nachylenie linii łączącej punkty oraz P Q?

2. Jeśli punkt Q zostanie przesunięty w kierunku punktu P wzdłuż wykresu P $y = f(x)$, co stanie się z wartością x?

3. Wyrazić nachylenie stycznej symbolicznie jako granicę nachylenia linii siecznej.

4. Jaka jest pochodna funkcji w stosunku $x = a$ do nachylenia linii stycznej?

5. Jak wyraziłbyś pochodną tej funkcji w $x = a$?

Działalność

W tej czynności pojęcie pochodnej będzie analizowane poprzez pokazanie związku pomiędzy pochodną funkcji a linią styczną. Koncepcja ta zostanie zbadana za pomocą technik graficznych, numerycznych i analitycznych.

Znajdź pochodną funkcji $f(x) = x^2$ w punkcie (1,1)

Ruszajmy!

☞ Podejście graficzne

Aby znaleźć pochodną funkcji w punkcie $(1,1)$, *należy* sformułować funkcję/wyrażenie, które reprezentuje nachylenie linii sekwencyjnej. To znaczy, $\frac{x^2-1}{x-1}$ a potem wykres.

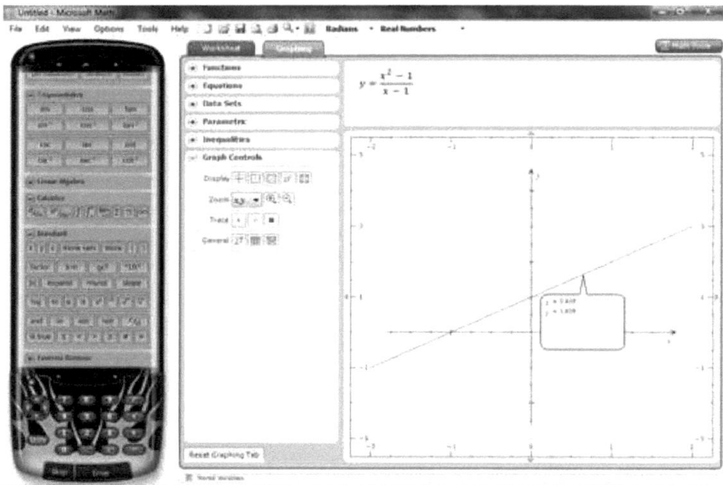

Pytania przewodnikowe:

1. Opisać wykres nachylenia linii sekwencyjnej.____

____

2. Teraz należy śledzić wykres i obserwować zachowanie się funkcji. Jak punkty na wykresie zachowują się w sposób zbliżony do x 1?

____

3. Graficznie, co można powiedzieć o pochodnej funkcji w danym momencie $(1,1)$?

____

☞ Podejście numeryczne

W tym samym oknie podglądu utwórz tabelę wartości, klikając na polecenie **Utwórz tabelę.** Wprowadź zakres x- wartości i liczbę punktów do wykreślenia. W tym przypadku niech 0,5 będzie wartością minimalną, 1,5 wartością maksymalną, a 11 dla liczby punktów do wykreślenia. Następnie kliknij **OK**.

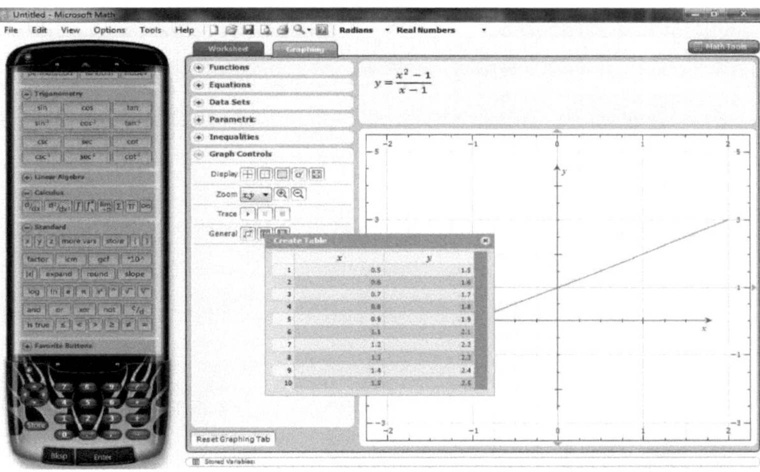

Pytania przewodnikowe: Przyjrzyj się uważnie wartościom funkcji i odpowiedz na poniższe pytania:

1. Jak zachowują się wartości nachylenia linii sekwencyjnej przy podejściu x 1 od lewej/prawy?

   ____

   ____

2. Do jakiej wartości zbliża się nachylenie linii sekwencyjnej w miarę zbliżania się do x 1?

   ____

   ____

3. Co mówi tabela wartości o pochodnej w danym $f(x) = x^2$ punkcie $(1,1)$?

   ____

   ____

☞ Podejście analityczne

W **zakładce Worksheet** wpisz tekst, $\lim_{x \to 1} \frac{x^2 - 1}{x - 1}$ a następnie kliknij **Enter.**

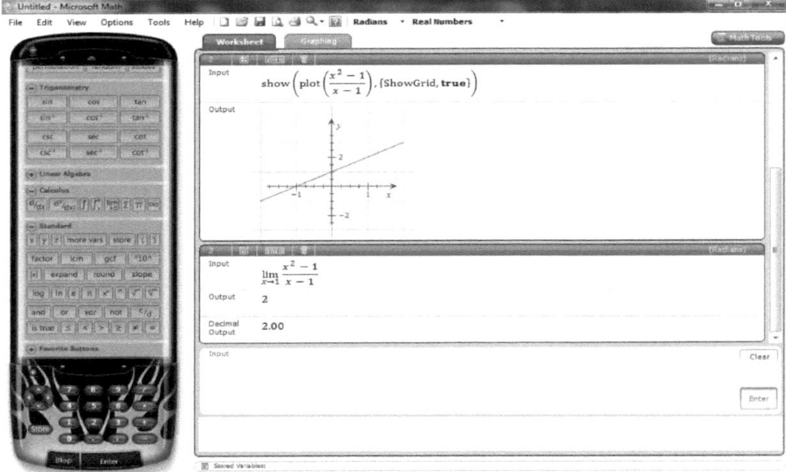

Pytania przewodnikowe:

1. Jaka jest wartość granicy nachylenia linii sekwencyjnej?

____

2. Jak wartość ta odnosi się do nachylenia linii stycznej?

____

3.Na podstawie różnych oświadczeń, co można wnioskować o pochodnej w danym $f(x) = x^2$ momencie $(1,1)$?

____

____

Dalsze poszukiwania

Poniższy wykres przedstawia wykres $f(x) = x^3 + 2$ i linię styczną do krzywej przy $x = -1$. Znajdź nachylenie linii stycznej do krzywej, odpowiadając na poniższe pytania:

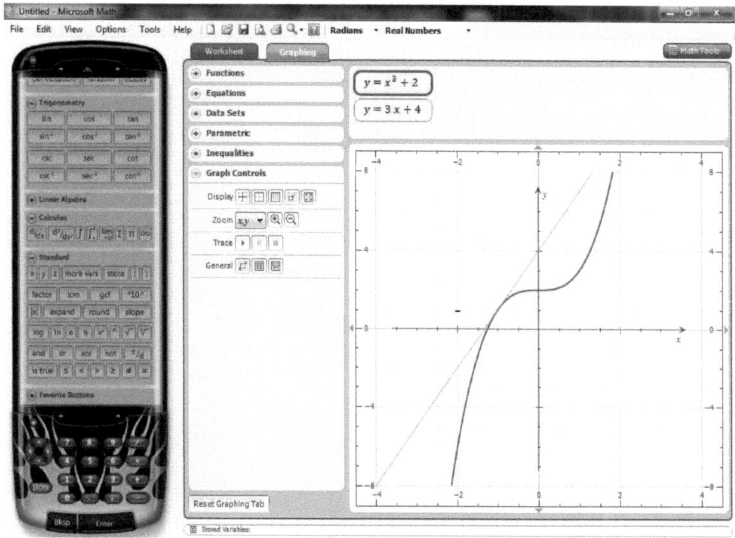

Pytania przewodnikowe:

1. Napisz funkcję/wyrażenie, które reprezentuje nachylenie linii sekwencyjnej.

Uwaga: Musisz najpierw znaleźć $f(-1)$

—

2. Teraz, wykreślić nachylenie linii sekwencyjnej i opisać jej zachowanie jako x zbliżone -1?

____

____

3. Do jakiej wartości zbliża x się nachylenie linii sekwencyjnej -1?

____

____

4. Jaka jest wartość graniczna nachylenia linii sekwencyjnej?

____

5. Jakie jest nachylenie linii stycznej do krzywej $f(x) = x^3 + 2$ $x = -1$?

—

—

 **Kluczowa koncepcja**

Pochodna funkcji

Pochodną funkcji w odniesieniu do f zmiennej x jest funkcja f', której wartość x wynosi

$$f'(x) = \lim_{\Delta x \to 0} \frac{f(x + \Delta x) - f(x)}{\Delta x}$$

pod warunkiem istnienia limitu.

Pochodna w punkcie

Pochodna funkcji f w punkcie $x = a$ jest oznaczona przez

$$f'(a) = \lim_{x \to a} \frac{f(x) - f(a)}{x - a}$$

pod warunkiem istnienia limitu.

Self-Test

(Można to zrobić w parach)

1. Biorąc pod uwagę funkcję $f(x) = x^3$, znajdź lit. a) $f'(-1)$ i b) $f'(2)$

2. Znajdź nachylenie linii stycznej do krzywej $f(x) = x^2 - 3$ w punkcie $(1,-2)$

3. Dla jakiej wartości x jest wartość pochodnej funkcji $f(x) = 4x^2 - 5x + 7$ równa 11?

4. Jaka jest pochodna $y = \sqrt{x}$ w tym momencie $(16,4)$?

Ocena

Znajdź pochodną każdej z podanych funkcji.

1. $f(x) = (2x-1)^2$

2. $g(x) = \dfrac{2}{x^2+1}$ w tym momencie $(1,1)$

3. kiedy $h(x) = \sqrt{x^2 - 9}$ $x = 5$

4. $y = x^2 + 2x - 1$

5. $y = \dfrac{2x^2 + 5x + 3}{x^2 - 1}$

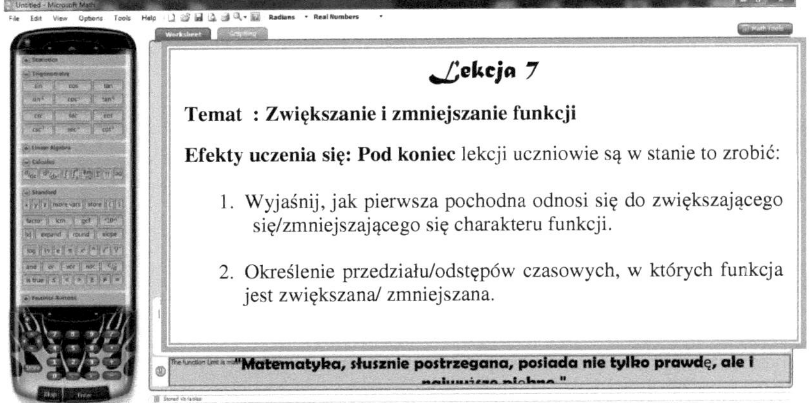

Działanie to dostarczy informacji o relacjach między funkcją a jej pierwszą pochodną. Rosnący/zmniejszający się charakter funkcji może być badany przez pozytywne/negatywne zachowanie jej pierwszej pochodnej.

Przyjrzyjmy się charakterowi wykresu funkcji $y = 2x^3 - 3x^2 - 12x + 4$ i jej pochodnej

☞ Podejście graficzne

Krok 1W zakładce Grafika wpisz $2x^3 - 3x^2 - 12x + 4$" " " w okienku wprowadzania danych, a następnie naciśnij **Enter.** Kliknij przycisk **Graph**, aby wyświetlić wykres. Aby uzyskać dobry widok, należy zmienić zakres drukowania na -4 i 4 dla x oraz -16 do 16 dla y. Pokaż siatkę, klikając na ikonę Siatka pod **Wyświetlanie wykresu.** Wykres został przedstawiony poniżej.

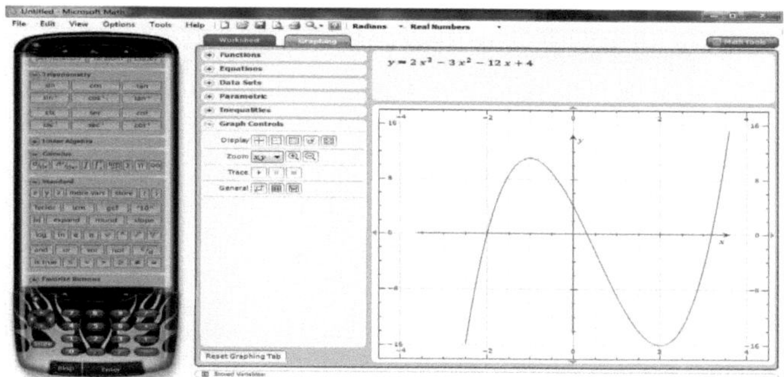

Pytania przewodnikowe:

1. Opisać wykres funkcji.

____

____

2. W jakim odstępie czasu między poszczególnymi domenami zwiększa się wykres funkcji?

____

3. A co z interwałem (interwałami) domenowymi, w których wykres funkcji maleje?

____

4.Na podstawie wykresu, jakich wartości spodziewałbyś się uzyskać w przedziale czasu, w którym funkcja rośnie/ maleje?

____

____

Krok 2Użycie ikony w $\frac{d}{dx}$**panelu Kalkulatora**; ustawienie drugiej funkcji w celu utworzenia wykresu pochodnej. Wykresy funkcji i jej pochodne powinny być wyświetlane na tym samym ekranie.

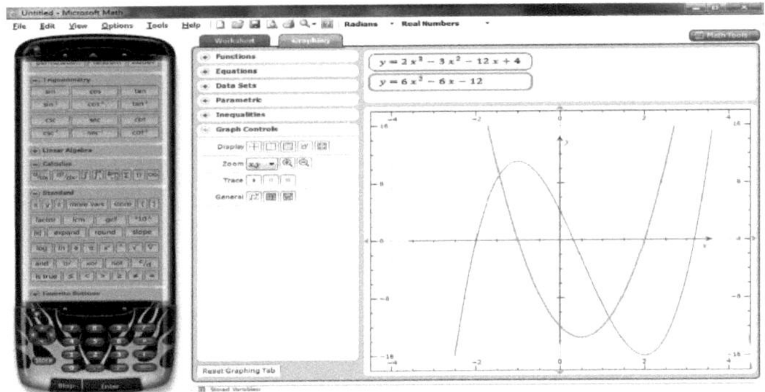

5. Spoglądając na wykres instrumentu pochodnego, należy wyjaśnić charakter instrumentu pochodnego (wartości y) w przedziale/odstępach, w których zwiększa się pierwotna funkcja.

____

____

6. Wyjaśnić charakter wartości y instrumentu pochodnego w przedziale/odstępach, w których zmniejsza się pierwotna funkcja.

____

____

7. W jakim odstępie czasu x jest dodatnia pochodna?

____

____

8. Co z interwałem x, gdzie wartość pochodnej jest ujemna?

____

____

☞ Podejście numeryczne

Za pomocą tego samego widoku okna stwórz tabelę wartości dla funkcji i jej pochodnej w określonym przedziale x/s: ,$(-\infty,-1)$ $(2,\infty)$, $(-1,2)$. *(Uwaga:* $x-values$*wyklucza się miejsce, w którym pochodna przecina oś x).* Zacznij od pierwotnej funkcji, a następnie powtórz proces dla pochodnej.

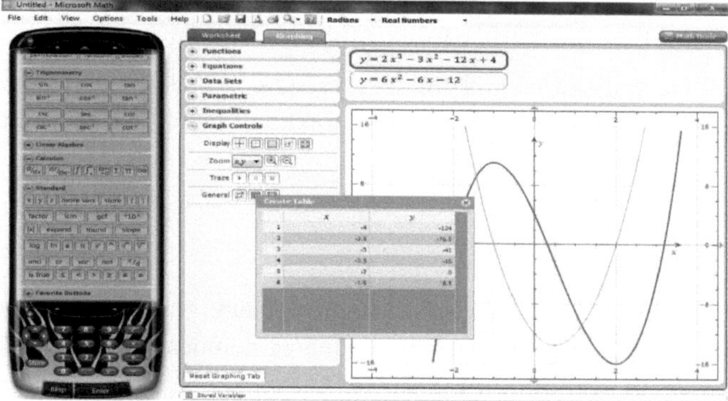

Pytania przewodnikowe:

1. Jak zachowuje się oryginalna funkcja w stosunku do zidentyfikowanych x-zatwierdzeń?

   $(-\infty,-1)$:

   ___

   $(-1,2)$:

   ___

   $(2,\infty)$:

   ___

2. Co można powiedzieć o naturze wartości y pochodnej w stosunku do zidentyfikowanych x-wartości?

   $(-\infty,-1)$:

   ___

   $(-1,2)$:

   ___

   $(2,\infty)$:

   ___

3. Na podstawie wyników w (1) i (2), jakie zależności można wywnioskować na temat charakteru funkcji i jej pochodnych?

____ _

☞ Podejście analityczne

Korzystając z **zakładki Arkusz pracy**, znajdź pochodną danej funkcji. Następnie należy wczytać pochodną za pomocą **współczynnika** ikonowego w **panelu Kalkulatora**. Ustawić każdy współczynnik na zero, a następnie rozwiązać dla x. $x-values$ Uzyskane wartości nazywane są **wartościami krytycznymi**, które określają odstępy między domenami. W tym przypadku istnieją dwie wartości x, $-1\ and\ 2$ które odpowiadają odstępom czasu $(-\infty,-1)$, $(-1,2)$ oraz $(2,\infty)$.

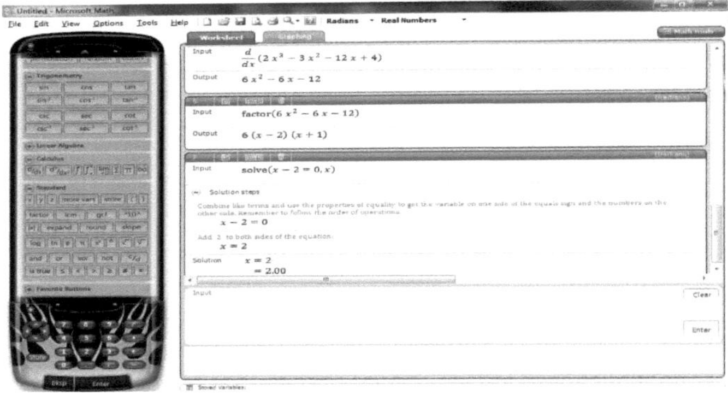

Teraz należy zbadać $y-values$ (szczególnie znak) instrumentu pochodnego w określonych przedziałach czasowych, zastępując wartość w określonych przedziałach. Aby to zrobić, należy zapisać wybrane wartości w każdym przedziale, na przykład -2, 1 i 3, wpisując {-2, 1, 3} na **pasku wprowadzania danych.** Następnie kliknij na ikonę **Store** i wpisz x, a następnie naciśnij **Enter**. W zakładce arkusza pracy kliknij dwukrotnie funkcję pochodną, aby pojawiła się na pasku wprowadzania danych, a następnie naciśnij klawisz **Enter**.

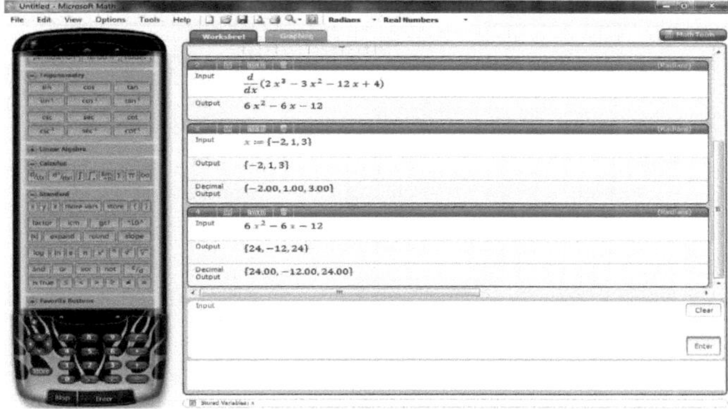

Pytania przewodnikowe:

1. Jakie wartości posiada pochodna w stosunku do x-zakresów?

$(-\infty,-1)$:

___

$(-1,2)$:

___

$(2,\infty)$:

___

2. W oparciu o przeprowadzone przez Pana/Panią badanie przy użyciu tych trzech podejść, w jaki sposób powiązałby Pan/Pani pierwszą pochodną z charakterem funkcji?

___

___

___

___

___

___

Kluczowa koncepcja

Funkcja jest $y = f(x)$ **zwiększana** w odstępie czasu I, jeśli w $\underline{f'(x) > 0}$ każdym punkcie w odstępie czasu I.

Funkcja $y = f(x)$ **zmniejsza się** w odstępie I, jeśli w $\underline{f'(x) < 0}$ każdym punkcie w odstępie I.

Self-Test

(Można to zrobić w parach)

Kierunek: Określić interwał/odstępy, w których funkcja się zwiększa/zmniejsza, wypełniając tabelę

Funkcja	$f(x) = 35x + 14x^2 - 3x^3 - x^4$	$g(x) = -32x^6 + 12x^4$	$h(x) = \frac{1}{x^2 - 3x}$
1. Pochodna			
Wartości krytyczne			
Interwał(-y), w którym(-ych) funkcja jest (są) zwiększana(-e) lub zmniejszana(-e)			

Ocena

Dla każdej z podanych funkcji znajdź przedział/ przedziały, w których dana funkcja zwiększa się lub zmniejsza. Zrób przybliżony szkic wykresu.

1. $f(x)=2x^3+3x^2-36x$

2. $g(x)=\dfrac{x}{x^2+9}$

3. $h(x)=\sqrt[3]{(x^2-9)^2}$

4. $y=\dfrac{x^2-x-6}{x^2-1}$

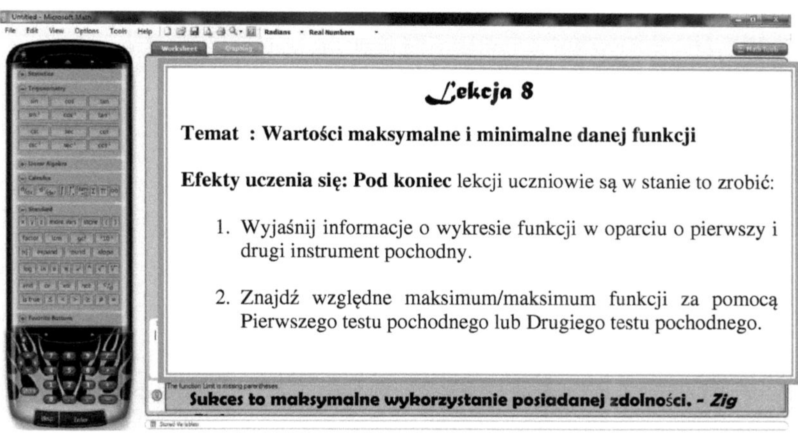

Działalność

Działanie to dostarcza wielu informacji na temat funkcji poprzez analizę zachowania pierwszej i drugiej pochodnej. Zobaczysz później, że pochodna jest wskaźnikiem względnego maksymalnego/minimalnego zachowania funkcji.

Weź pod uwagę funkcję $f(x) = 2x^3 - 9x^2 + 12x - 3$. Zbadaj relację między funkcją a jej pierwszym i drugim instrumentem pochodnym.

☞ Podejście graficzne

Krok 1 Korzystając z **zakładki Wykres wyświetlany jest** wykres funkcji i jej pochodnych. Wykres, który pojawi się na twoim ekranie powinien wyglądać jak poniżej.

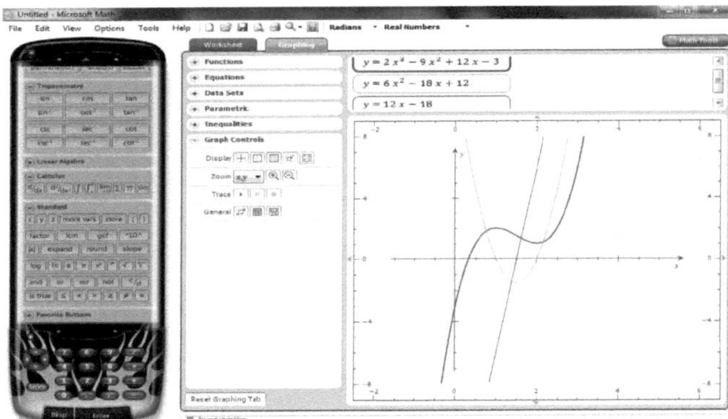

Pytania przewodnikowe: Patrząc na wykresy, można odpowiedzieć na następujące pytania:

1. Przy jakiej wartości (jakich wartościach) x funkcja wydaje się osiągać swoje względne wartości maksymalne i minimalne?

____

2. Przy jakiej x wartości (jakich wartościach) pierwszy instrument pochodny krzyżuje się z $x - axis$?

____

3.Co dzieje się z wykresem oryginalnej funkcji, gdy pierwsza pochodna przecina się z wykresem $x - axis$?

____

4. Co można powiedzieć o zerach (wartościach krytycznych) pierwszej pochodnej i *x współrzędnych* punktów, w których funkcja ma względne maksimum i minimum?

___

5. Jak opisałbyś charakter (wklęsłość) wykresu pierwotnej funkcji, gdy wykres pierwszej pochodnej rośnie?

___

6. Co się stanie, gdy wykres pierwszego instrumentu pochodnego będzie się zmniejszał?

___

7.Na podstawie wykresu pierwszego instrumentu pochodnego, w jaki sposób wartość funkcji pochodnej zmienia się ze znaku nieznacznie mniejszego niż do nieznacznie większego niż wartość krytyczna (wartości krytyczne).

___

8. Jak odnieśliby Państwo zmianę znaku pierwszej pochodnej do maksymalnego/minimalnego zachowania się funkcji?

___

___

9. Teraz spójrz na wykres drugiej pochodnej. Czego oczekujesz od *y* wartości drugiego instrumentu pochodnego, gdy pierwszy z nich rośnie?

___

___

10.Co z tym, że kiedy pierwszy instrument pochodny zmniejsza się, czy oczekujesz, że drugi instrument pochodny będzie pozytywny czy negatywny? Wyjaśnij.

___

___

11. Jak odnieśliby Państwo pozytywne/negatywne zachowanie drugiej pochodnej do wklęsłości funkcji w górę/dół?

____

____

12. Wyjaśnić, jak druga pochodna odnosi się do maksymalnego i minimalnego zachowania danej funkcji.

____

____

☞ Podejście numeryczne

Etap 1 Korzystając z oryginalnej funkcji, wygeneruj tabelę wartości z przedziałem zawierającym wartości krytyczne. W tym celu należy wprowadzić zakres x wartości, powiedzmy 0 do 3, a 7 jako liczbę punktów do wykreślenia. Następnie kliknij **OK**. Zbadajcie teraz wartości funkcji w $x = 1$ okolicy. Zrób to samo dla $x = 2$.

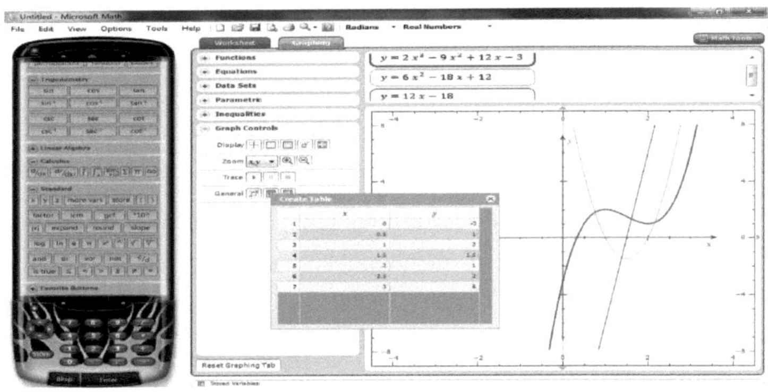

Pytania przewodnikowe:

1. Co można powiedzieć o wartości funkcji w porównaniu $x = 1$ do wartości funkcji w jego sąsiedztwie?

____

____

2.A co w sprawie $x = 2$?

3.Na podstawie tego, co zaobserwowałeś, co możesz wnioskować o tej funkcji?

Etap 2 Następnie należy zbadać charakter funkcji za pomocą pierwszej pochodnej. Aby wyświetlić wartości funkcji pierwszej pochodnej, kliknij pierwszą funkcję pochodną. Wprowadzić ten sam zakres x wartości i liczbę punktów do wykresu. Kliknij **OK.**

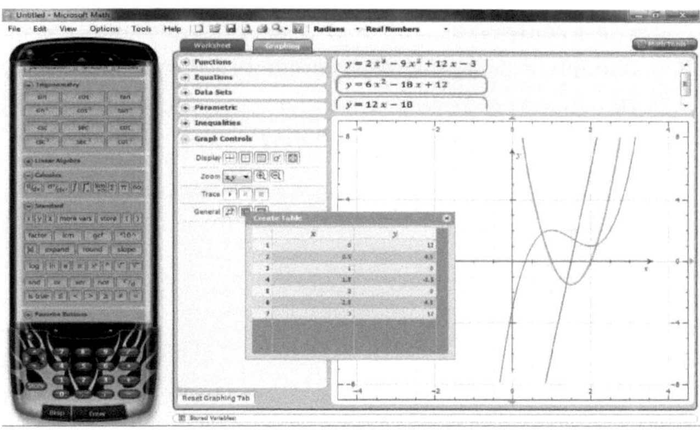

Pytania przewodnikowe:

4. Jaka jest y wartość pierwszego instrumentu pochodnego $x < 1$(nieco niższa od wartości krytycznej)?

5.A co z $x > 1$wartością (nieco większą niż wartość krytyczna)?

---

6. Jeśli pierwsza pochodna zmienia znak z dodatniego na ujemny wraz ze wzrostem wartości x, to jak odnosi się to do maksymalnego/minimalnego zachowania pierwotnej funkcji?

7. Teraz, weź pod uwagę wartość krytyczną $x = 2$. Sprawdzić wartości y pierwszej funkcji pochodnej przy $x < 2$ i $x > 2$. Co widzisz?

8. Jak odnieśliby Państwo to do maksymalnego/minimalnego zachowania oryginalnej funkcji?

Etap 3 Teraz przejdź do drugiej pochodnej funkcji. Kliknij na drugą funkcję pochodną, a następnie utwórz tabelę wartości przy użyciu wartości krytycznych $x = 1$ i $x = 2$. Spójrzcie na odpowiadające im wartości y drugiego instrumentu pochodnego.

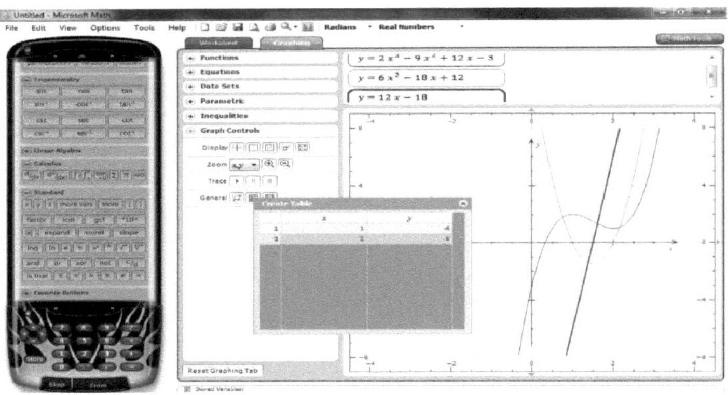

Pytania przewodnikowe:

9. Jaka jest wartość drugiego instrumentu pochodnego $x = 1$?

10. A co w tym momencie $x = 2$?

11. Jak dodatnia/ujemna wartość drugiej pochodnej odnosi się do maksymalnego/minimalnego zachowania funkcji?

____

____

Podejście analityczne

Krok 1 W **zakładce Arkusz pracy** znajdź pierwszą pochodną funkcji. Ustawić wartość pochodnej na zero i rozwiązać dla x. Uzyskane wartości są wartościami krytycznymi.

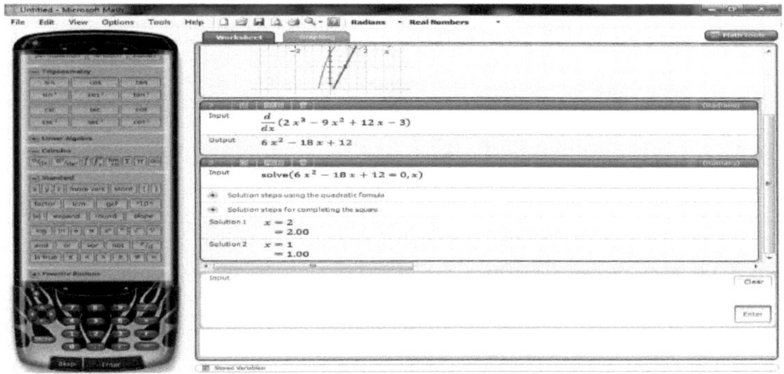

Etap 2 Badanie wartości krytycznych polega na zastąpieniu wartości, która jest nieco niższa (większa niż) wartość krytyczna, pierwszą pochodną. W tym celu należy zapisać wartości 0,5 i 1,5 dla wartości krytycznej $x=1$; 1,5 i 2,5 dla wartości krytycznej $x=2$. Następnie należy wprowadzić pierwszą funkcję pochodną, a następnie kliknąć przycisk **Enter**.

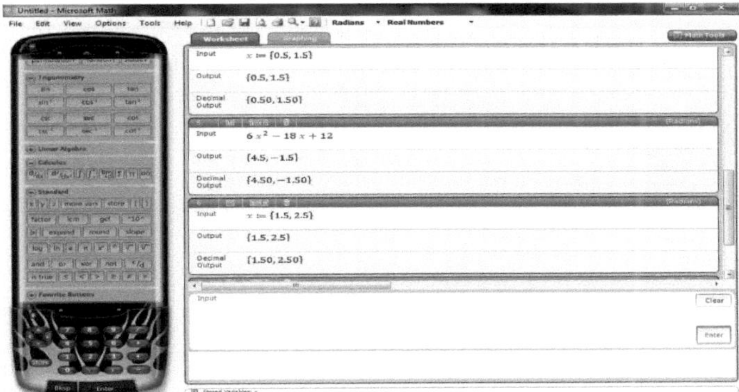

Pytania przewodnikowe:

1. Jak wartości pierwszych zmian w instrumentach pochodnych zmieniają się z nieco mniejszych niż do nieco większych niż $x = 1$?

____

2. $x = 2$ Za co?

____

3. Na podstawie wyników, co można powiedzieć o oryginalnej funkcji?

____

____

4. W którym momencie funkcja jest maksymalna/minimalna?

____

Etap 3 Korzystając z drugiej pochodnej, należy sprawdzić charakter funkcji poprzez zastąpienie wartości krytycznych. Po pierwsze, znajdź drugą pochodną tej funkcji. Zapisać wartości krytyczne, a następnie wprowadzić drugą pochodną. Kliknij przycisk **Enter.**

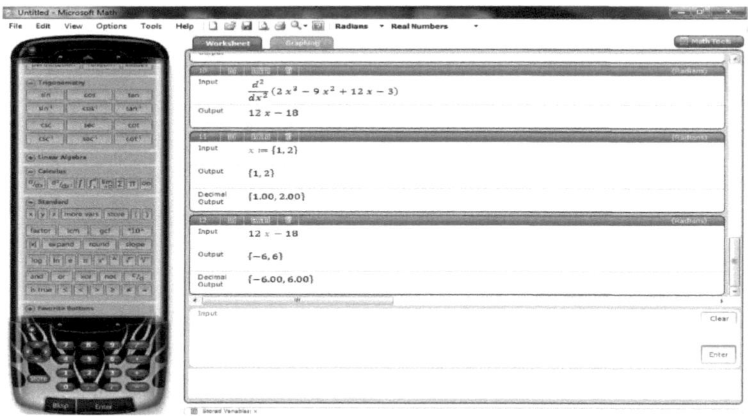

Pytania przewodnikowe:

5. Jaka jest wartość drugiego instrumentu pochodnego $x = 1$?

____

6. Jaka jest wartość drugiego instrumentu pochodnego $x = 2$?

____

7. Jak te wartości odnoszą się do maksymalnego/minimalnego zachowania funkcji?

____

____

__________ ____________________

8. Przy jakiej x wartości/jakich wartościach jest drugi instrument pochodny równy zero?

____

Uwaga: Punkt, w którym zmienia się wklęsłość, nazywany jest ***punktem przegięcia****. Występuje on w zerach drugiej funkcji pochodnej.*

9.Na podstawie twoich poszukiwań, jaki jest sens przechylenia pierwotnej funkcji?

____

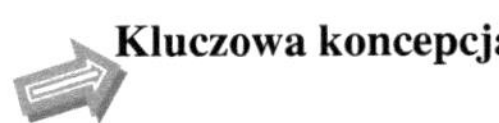

Kluczowa koncepcja

PIERWSZY TEST POCHODNY

Funkcja $y = f(x)$ posiada względne maksimum przy if $x = a$

$f'(x) > 0$ for $x < a$ i $f'(x) < 0$ for $x > a$

Funkcja ta $y = f(x)$ ma relatywne minimum na poziomie if $x = a$

$f'(x) < 0$ for $x < a$ i $f'(x) > 0$ for $x > a$

DRUGI TEST POCHODNY

Funkcja $y = f(x)$ posiada względne maksimum przy if $x = a$

$f'(a) < 0$ i względne minimum przy if $f'(a) > 0$.

Wykres $y = f(x)$ jest wklęsły w dół, gdy y'' jest dodatni, i wklęsły w górę, gdy y'' jest ujemny.

Self-Test

Kierunek: Wypełnij poniższą tabelę.

Funkcja	$f(x) = 3x^4 - 4x^3 - 12x^2 + 2$	$y = \frac{1}{3}x^3 - \frac{1}{2}x^2 - x + 3$
1. Pochodna		
Wartości krytyczne		
Zachowanie 1. Pochodnego		
Maksymalny/minimalny punkt/y		
2. Pochodna		
Zachowanie 2. Pochodnego		
Punkt/e odbicia		

Ocena

Dla każdej z podanych funkcji znajdź maksimum, minimum i punkt odchylenia, jeśli takie istnieją.

1. $f(x) = 2x^3 + 3x^2 - 36x$

2. $g(x) = \dfrac{x}{x^2 + 9}$

3. $h(x) = \sqrt[3]{(x^2 - 9)^2}$

4. $y = \dfrac{x^2 - x - 6}{x^2 - 1}$

PODSUMOWANIE USTALEŃ, WNIOSKI I ZALECENIA

Ta część zawiera podsumowanie ustaleń, wnioski i zalecenia oparte na wynikach badania.

Podsumowanie ustaleń

W badaniu badano skuteczność wykorzystania Microsoft Mathematics w odniesieniu do wyników uczniów i ich nastawienia do uczenia się rachunku różnicowego.

W oparciu o analizę statystyczną poniżej przedstawiono najistotniejsze wyniki badania.

1. Testy wstępne i końcowe grup eksperymentalnych i kontrolnych w zakresie rozumienia pojęć i testów umiejętności proceduralnych

Zarówno grupy eksperymentalne, jak i kontrolne przed przeprowadzeniem badania miały uczciwe wyniki w teście koncepcyjnym. Grupa eksperymentalna uzyskała zadowalające wyniki w teście, natomiast grupa kontrolna uzyskała dobre wyniki.

W przypadku testu umiejętności proceduralnych obie grupy wypadły słabo w teście wstępnym, podczas gdy w teście końcowym uzyskały zadowalające wyniki. Grupa eksperymentalna uzyskała jednak wyższą średnią punktację po testach niż grupa kontrolna.

2. Badanie znaczących różnic w wynikach testów wstępnych i końcowych grup eksperymentalnych i kontrolnych w zakresie rozumienia pojęć i umiejętności proceduralnych

Nie ma statystycznie istotnej różnicy między średnimi wynikami grup eksperymentalnych i kontrolnych w testach umiejętności koncepcyjnych i proceduralnych.

Podobny wynik uzyskuje się po wystawieniu ich na działanie dwóch podejść instruktażowych.

3. Badanie istotnych różnic w wydajności przed- i popróbnej grupy eksperymentalnej

Istnieje statystycznie istotna różnica między wynikami grupy eksperymentalnej przed testem i po nim, zarówno w przypadku testów umiejętności koncepcyjnych, jak i proceduralnych. Grupa eksperymentalna miała uczciwe wyniki w teście koncepcyjnym i słabe wyniki w teście umiejętności proceduralnych przed eksperymentem. Ich wydajność poprawiła się do zadowalającego dla obu testów po zastosowaniu Microsoft Mathematics.

4. Postawa grupy eksperymentalnej wobec nauki matematyki z technologią przed i po eksperymencie

Postawa grupy eksperymentalnej pod względem pewności siebie w matematyce

Grupa eksperymentalna miała korzystną postawę w preteście i bardzo korzystną postawę w postteście. Wzrost średniej oceny z "korzystnej" do "wysoce korzystnej" oznacza, że wykorzystanie technologii w nauce matematyki poprawiło pewność siebie uczniów w matematyce.

Postawa grupy eksperymentalnej w zakresie zaufania do technologii

Grupa doświadczalna wykazała bardzo przychylną postawę w zakresie zaufania do technologii przed i po wdrożeniu podejścia opartego na technologii.

Postawa grupy eksperymentalnej w zakresie nauki matematyki z techniką

Grupa eksperymentalna wykazała poprawę w swoim podejściu do nauki matematyki z technologią, co ujawniło się w ich preteście i postteście średnich wyników z "korzystnych" do "bardzo korzystnych".

Postawa grupy eksperymentalnej w zakresie zaangażowania afektywnego

Grupa eksperymentalna miała bardzo korzystne nastawienie pod względem afektywnego zaangażowania przed i po eksperymencie, choć nastąpił nieznaczny spadek średniej oceny posttestowej.

Postawa grupy eksperymentalnej w odniesieniu do zaangażowania behawioralnego

Grupa eksperymentalna wykazała się bardzo przychylną postawą, jeśli chodzi o zaangażowanie behawioralne przed i po eksperymencie.

5. Test znaczących różnic w nastawieniu grupy eksperymentalnej przed i po użyciu Microsoft Mathematics

Występuje statystycznie istotna różnica w średnich ocenach grupy eksperymentalnej w zakresie "nauki matematyki z techniką" w fazie pretestowej i posttestowej. Średni wynik posttestu w tej domenie jest znacznie wyższy niż średni wynik pretestu.

Nie ma znaczącej różnicy w średnich ocenach postawy przed i po teście w grupie eksperymentalnej pod względem pewności siebie w matematyce, pewności siebie z technologią, zaangażowania afektywnego i zaangażowania behawioralnego; jednak pozytywne nastawienie w tych dziedzinach zostało wykazane przez badanych.

Wnioski

Na podstawie powyższych ustaleń wyciągnięto następujące wnioski:

Zastosowanie matematyki Microsoftu w nauczaniu i uczeniu się Rachunek różnicowy poprawia zrozumienie pojęciowe, umiejętności proceduralne i nastawienie uczniów do nauki przedmiotu; jest równie skuteczny jak tradycyjne podejście.

Dzięki działaniom wbudowanym w Microsoft Mathematics, uczniowie mają możliwość uczenia się pojęć i procesów matematycznych poprzez eksplorację i odkrywanie, co pozwala im na większe zaangażowanie w naukę.

Zalecenia

Z powyższych wniosków wynikają następujące zalecenia:

1. Nauczycieli matematyki zachęca się do włączania technologii do nauczania matematyki w celu zróżnicowania ich podejścia do nauczania i uczynienia go bardziej interaktywnym.
2. Nauczyciele mogą korzystać z arkuszy ćwiczeń wbudowanych w Microsoft Mathematics w celu uzupełnienia wykładów i umożliwienia uczniom lepszego zrozumienia pojęć z zakresu matematyki i rozwijania ich umiejętności rozwiązywania problemów.
3. Nauczyciele powinni nadal angażować uczniów w sensowne uczenie się, zapewniając środowisko nauki oparte na technologii, które umożliwia

uczniom doświadczanie procesu badań matematycznych i sprzyja pozytywnemu nastawieniu do przedmiotu.

4. Nauczyciele matematyki muszą nadal badać obecne praktyki w zakresie nauczania matematyki z wykorzystaniem technologii, aby określić jej skuteczność i zbadać nowe sposoby wykorzystania potencjału, jaki wnosi jako narzędzie nauczania i uczenia się.

5. Administracja powinna wspierać wykorzystanie technologii w nauczaniu i uczeniu się matematyki zgodnie z celami edukacji matematycznej w XXI wieku, zapewniając rozwój zawodowy wykładowców skoncentrowany na wykorzystaniu różnych technologii do efektywnego nauczania i uczenia się matematyki.

6. Przyszli naukowcy mogą prowadzić równoległe badania z wykorzystaniem innego oprogramowania matematycznego w nauczaniu i uczeniu się matematyki.

REFERENCJE

Al-Absi & Abed, M. (2014). Poziom zaufania do wykorzystania technologii w nauce matematyki z punktu widzenia nauczyciela klasy i jego związek z pewnymi zmiennymi. *International Journal of Humanities and Social Science Vol. 4 No. 1; January 2014. s. 179-186.*

Al-Ammary, J. (2012). Technologia edukacyjna: Sposób na zwiększenie osiągnięć studentów na Uniwersytecie Bahrajnu. *Procedury - Nauki społeczne i behawioralne, 55, 248 - 257.* Dostępny na stronie internetowej www.sciencedirect.com.

Artigue, M., Batanero, C., & Kent, P. (2007) Thinking and learning at post-secondary level. In F. Lester (Ed.), Second Handbook of Research on Mathematics Teaching and Learning (str. 1011-1049). Information Age Publishing.

Axtel, M. (2006). Dwusemestrowa sekwencja preculus/calculus: Studium przypadku. *Matematyka i edukacja komputerowa, 40(2), 130-137.*

Ayub, A., Sembok, M., & Luan, W. (2008). Nauczanie i uczenie się rachunku za pomocą komputera. Uzyskane z: http://atcm.mathandtech.org/EP2008/papers_full/2412008_15028.pdf

Beynon, N., et al. (2010). Czy interaktywne narzędzia wizualizacyjne mogą angażować i wspierać studentów przeduczelnianych w eksplorowaniu nietrywialnych koncepcji matematycznych? *Elsevier Science Press: Komputery i edukacja, 54 (4), 972-991*

Bose, P. (2011). Rozwiązywanie równań za pomocą Microsoft Math. Prezentowany podczas Narodowego Zjazdu Towarzystwa Matematycznego Filipin (MSP) na UST.

Bossé, M. & Bahr, D. (2008). Stan równowagi pomiędzy wiedzą proceduralną a rozumieniem pojęciowym w kształceniu nauczycieli matematyki. Odebrane z http://www.cimt.plymouth.ac.uk/journal/bossebahr.pdf.

Cajilig, N. (2009). Integracja technologii informacyjnych i komunikacyjnych w nauczaniu matematyki w publicznych szkołach średnich Metro Manila. *Kwartalnik edukacyjny, 67 (1), 79-91*

Curri, E. (2012). *Wykorzystanie technologii komputerowych w nauczaniu i uczeniu się matematyki w albańskim gimnazjum*. Kristiansand: Uniwersytet Agder

Dikovic, L. (2009). Zastosowanie Geogebry do nauczania niektórych tematów matematyki na poziomie college'u. *ComSIS* 6(2), 191-203.

Drijvers, P., Boon, P. & Van Reeuwijk (2010). Algebra i technologia. *W P. Drijvers (Ed.),* wykształcenie średnie w zakresie algebry. Wracanie do tematów i zagadnień oraz odkrywanie nieznanego (s. 179-202). Rotterdam: Sense.

Ekawati, E. (2008). *Jurnal Pendidikan Matematika: Pembelajaran Matematika Berbatuan ICT dalam Meningkatkan Kemampuan Kognitif dan Kemampuan Afektif Siswa*. PPPPTK Matematika

Franklin, T. & Peng, L-W. (2008). Mobilna Matematyka: Nauczyciele matematyki i uczniowie angażują się w mobilną naukę. *Journal of Computing in Higher Education, 20, 69-80.*

Hegedus SJ, Roschelle J. 2013. *Wizja symetryczna i wkład: Demokratyzujący dostęp do ważnej matematyki.* Nowy Jork, NY: Springer.

Heid, M.K., & Blume, G.W. (Eds.). (2008). Badania nad technologią oraz nauczaniem i uczeniem się matematyki: Tom 1. Synteza badawcza. Charlotte, NC: Information Age.

Hodge, A., Richardson, J.C. & York, C.S. (2009). Wpływ internetowego narzędzia do odrabiania prac domowych w ramach uniwersyteckich kursów algebry na naukę i strategie studentów. *Journal of Online Learning and Teaching, 5*(4), 618-629.

Kadry, S. & Kalakeck, A. (2013). Nauka rachunku za pomocą technologii. *West East Journal of Social Sciences, 2(1), 48-55.*

Włosy, K. (2014). Model baru i GSP: skuteczna strategia rozwiązywania problemów związanych ze słowem. Innowacje i technologie dla edukacji matematycznej. Uzyskano z: actm.mathandtech.org/ED2014/ACTM2014_abstract.pdf

Kissane Barry (n.d.). Trzy role technologii: W stronę humanistycznego renesansu w edukacji matematycznej. Odebrane z http://math.unipa.it/~grim/SiKissane.PDF w dniu 15 maja 2015 r.

Laborde, C. i Strasser, R. (2010). Miejsce i wykorzystanie nowych technologii w nauczaniu matematyki: Działalność ICMI w ciągu ostatnich 25 lat. ZDM 42 (1) 121-133.

Lavicza, Z. (2010). Włączenie technologii do nauczania matematyki na poziomie uniwersyteckim. ZDM Mathematics Education, 42, 105-119.

Leng, N. (2011). Korzystanie z zaawansowanego kalkulatora graficznego w nauczaniu i uczeniu się rachunku. *International Journal of Mathematical Education in Science & Technology, 42*(7), 925- 938. doi:10.1080/0020739X.2011.616914

Liang, J., & Martin, L. (2008). Excel-aided metoda do nauczania matematyki biznesowej opartej na rachunku ekonomicznym. Dziennik metod i stylów nauczania Kolegium, 4(11), 11-24

Lucas, M. & Cayao, E. (n.d.) Wpływ stosowania Casio FX991 ES PLUS na osiągnięcia i poziom lęku w matematyce. Odebrane ze strony http://atcm.mathandtech.org/EP2014/full/3672014_20588.pdf dnia 19 maja 2015 r.

Martinovic, D., McDougall, D., & Karadag, Z. (Eds.) *(2012), Technology in Mathematics Education: Problemy współczesne*

McClaran, R. (2013). Badanie wpływu apletów interaktywnych na zrozumienie przez uczniów zmian parametrów funkcji rodzicielskich: Objaśniające badanie metod mieszanych. Tezy i prace dyplomowe - Nauka, Technologia, Inżynieria i Matematyka (STEM) Edukacja. Dokument 2. http://uknowledge.uky.edu/stem_etds/2

Matematyka Microsoftu. (2010). Zainteresowania uczniów będą pomnażać się wraz z matematyką Microsoft®. Microsoft Corporation: USA

Mokhtar, M. et al. (2010). Uczenie się problemowe w kursie rachunkowym: Percepcja, zaangażowanie i wydajność. Edukacja" 10 Obrady VII Międzynarodowej Konferencji Edukacji Inżynierskiej WSEAS, 21-25. Odzyskane z http://www.wseas.us/e-library/conferences/2010/EDUCATION/EDUCATION-01.pdf

Moeller, B. & Reitzes, T. (2011) Education Development Center, Inc. (EDC). Integracja technologii z kształceniem zorientowanym na studenta. *Quincy, mgr: Fundacja Edukacyjna Nellie Mae*

Krajowa Rada Nauczycieli Matematyki. (2000). *Zasady i standardy dla matematyki szkolnej.* Boston: Reston, VA

Krajowa Rada Nauczycieli Matematyki. (2008). Rola technologii w nauczaniu i uczeniu się matematyki. *NCTM News Bulletin, 44*(9), 1-12

Krajowy Matematyczny Zespół Doradczy (NMAP). Fundamenty Sukcesu: Raport końcowy Narodowego Matematycznego Zespołu Doradczego, Departament Edukacji USA: Washington, DC, 2008. Odzyskane z: http://www.ed.gov/mathpanel.

Nejem, K. & Muhanna, W. (2014). Wpływ wykorzystania Inteligentnej Rady na osiągnięcia matematyczne i zatrzymanie uczniów siódmej klasy. *International Journal of Education ISSN 1948-5476, 6(4), 107-118.*

Nevill, B. (n.d.). Graficzne podejście do nauczania rachunku wprowadzającego. Odebrane ze strony http://www.merga.net.au/documents/RP w dniu 17 marca 2015 r.

Ng, Wee Leng (2011). Korzystanie z zaawansowanego kalkulatora graficznego w nauczaniu i uczeniu się rachunku. *International Journal of Mathematical Education in Science and Technology, 42 (7), 925-938.*

Nguyen, D.M., & Kulm, G. (2005). Korzystanie z praktyki internetowej w celu poprawy nauki i osiągnięć z matematyki. *Journal of Interactive Online Learning, 3*(3), 1-16.

Oktaviyanthi, R. & Supriani, Y. (2014). Technologia edukacyjna: Zastosowanie Microsoft Mathematics w celu wzbogacenia nauki matematyki i zwiększenia motywacji uczniów. *International Journal of Education and Research, 2(7), 317-328.*

Olive, J. i Makar, K. (2009). Wiedza i praktyka matematyczna wynikająca z dostępu do technologii cyfrowych. In Hoyles, C. and Lagrange, J.B. (Eds.), Mathematics *Education and Technology-Rethinking the Terrain,* ISBN: 978-1-4419-0146-0, © Springer Science + Business Media, LCC 2010

Onur, Y. (2008). Wpływ kalkulatora graficznego na wyniki matematyki ośmiu uczniów w klasach na wykresach równań liniowych i koncepcji nachylenia. Teza Masteralna. Odebrane z: http://etd.lib.metu.edu.tr/upload/3/12609488/index.pdf 18 kwietnia 2015 roku.

Papuga, M. & Kwan Eu, L. (2014) Kalkulator nauczania i uczenia się w szkołach średnich z TI-Nspire. *The Malaysian Online Journal of Educational Science, 2(1), 27-33.*

Pierce, R., Stacey, K., & Barkatsas, A. (2007). Skala w monitorowaniu stosunku uczniów do nauki matematyki z technologią. *Komputer i edukacja, 48(2), 285-300.*

Pierce, R., Stacey, K., Wander, R., & Ball L. (2011). Projektowanie lekcji z wykorzystaniem oprogramowania do analizy matematycznej w celu wsparcia wielu reprezentacji w matematyce średniej szkoły. *Technologia, Pedagogika i Edukacja 20(*1): 95-112.

Prasek, M, Schwartz, A., Vorst, K. V. (2012). Integracja technologiczna: Wpływ na motywację, zaangażowanie i zainteresowania. Litwa

Purwanti, D. & Pustari, M. (2013). Porównanie wykorzystania Microsoft Mathematics i tradycyjnego nauczania o osiągnięciach uczniów - nauczanie matematyki w szkole średniej. *Kontynuacja globalnego szczytu w sprawie edukacji 2013* (e-ISBN 978-967-11768-0-1)

Quizon, A. & Redona, M. (2005). Skuteczność stosowania kalkulatorów graficznych w osiąganiu wyników przez uczniów szkół średnich w Pasay City West High School, rok szkolny 2004-2005. *Pierwszy Krajowy Kongres ICT- Edukacyjny.* Dostępny na stronie http://www.fit-ed.org/ictcongres/ paper/fullpapers/quizon_redona.pdf 18 lutego 2015 r.

Raines, J. M. & Clark, L. M. (2011). Krótki przegląd na temat wykorzystania technologii w celu zaangażowania uczniów w matematykę. *Current Issues in Education,* 14(2). Odzyskane 15 maja, z http://cie.asu.edu/ojs/index.php/cieatasu/article/view/786.

Robova, J. (n.d.). Kalkulator graficzny jako narzędzie zwiększające efektywność nauczania matematyki. Uzyskane z: http://www.math.uoc.gr/~ictm2/Procedury/pap503.pdf

Rutten, N., van Joolingen, W.R., van der Veen J.T. (2012). Efekty uczenia się symulacji komputerowych w edukacji naukowej. *Komputery i edukacja 58(1):*136-53.

Sabella, M. & Redish, E. F. (n.d.). Student rozumiejący zagadnienia z zakresu rachunku. *Grupa Badawcza Wychowania* Fizycznego. Odebrane ze strony http://www.physics.umd.edu/rgroups/ripe/perg/plinks/pl.htm w dniu 19 kwietnia 2015 r.

Salleh, S.T. i Zakaria, E. (2011). Włączenie systemu algebry komputerowej (CAS) do zintegrowanego nauczania i uczenia się na uniwersytecie. *International Journal of Academic Research*, 3(3), 397-401.

Salleh, T. & Zakaria, E. (2013). Wspieranie zrozumienia uczniów w rachunku całkowym poprzez zajęcia z klonu. *Education Science Technology*, 5(2): 303-310

Schumacher, P. & Kennedy, K.T. (2008). Lekcje dotyczące stylu nauczania skoncentrowanego na uczniu prowadzone przez profesorów matematyki uniwersyteckiej z grona pedagogów szkół średnich. *Edukacja, 129* (1), 102-109.

Slavíčková, M. (2013). Zmiany w nauczaniu matematyki na poziomie uniwersyteckim. *Acta Didactica Universitatis Comenianae Mathematics*, wydanie 13, 2013, s. 33-45 Źródło: http://www.ddm.fmph.uniba.sk/ADUC/files/Issue13/03%20Slavickova.pdf.

Speckler, M.D. (2008). Robiąc ocenę: Kompendium studiów przypadków opartych na danych na temat skuteczności MyMathLab i MathXL. Pobrane ze strony internetowej MathXL: http://www.mymathlab.com/makingthegrade_v3.pdf

Speckler, M.D. (2007). *Robiąc ocenę: Raport na temat sukcesu MyMathLab w nauczaniu matematyki w szkolnictwie wyższym.* Uzyskane z Pearson Education R_POSTING/HIGHER_ED_RESEARCH_STUDIES/makingthegrade2.pdf

Wysoki, D. (2008). Przejście do formalnego myślenia na matematyce. *Mathematics Education Research Journal,* 2008, 20 (2), 5-24

Tapare, S. (2013). Rozumienie pojęciowe studentów studiów licencjackich z zakresu rachunku w nauczaniu kooperacyjnym z wykorzystaniem oprogramowania do nauczania rachunku (CES). Odebrane ze strony http://linc.mit.edu/linc2013/proceedings/Session5/Session5Tapare.pdf w dniu 17 marca 2015 r.

Tiwari, T.K. (2007) Grafika komputerowa jako pomoc instruktażowa we wstępnym kursie rachunku różnicowego. *International Electronic Journal of Mathematics Education* 2(1), 32-48. Uzyskane na stronie http://www.iejme.com/012007/d3.pdf

Zachariades, T. et al. (2007). *Nauczanie rachunku wprowadzającego: Podejście do kluczowych pomysłów za pomocą dynamicznego oprogramowania.* Referat przedstawiony na konferencji CETL-MSOR na temat doskonałości w nauczaniu i uczeniu się, Statystyki i PO, Uniwersytet Birmingham, 10-11 września 2007 r.

Zakaria, E. i Salleh, T.S. (2015). Wykorzystanie technologii do nauki rachunku całkowego. *Mediterranean Journal of Social Sciences, 6(5S1), 144-148.*

Printed by Books on Demand GmbH, Norderstedt / Germany